VERHALTEN VON RASCHLAUFENDEN GEGENDRUCKTURBINEN BEI DREHZAHLÄNDERUNGEN

VON

DR.-ING. KURT MAURITZ

DRUCK UND VERLAG VON R. OLDENBOURG

MÜNCHEN UND BERLIN 1927

Inhalts-Verzeichnis.

Einleitung.

Die Anwendung der Turbine als Fahrzeugmotor, insbesondere ihr Einbau als Antriebsmaschine von Lokomotiven, hat den Turbinenbau vor neue Aufgaben gestellt. Neben der Frage der Kondensation steht hier der Einfluß weitgehender Drehzahlveränderungen auf Leistung, Drehmoment und Wirkungsgrad im Vordergrund des Interesses. Auf diesem Gebiet liegen zur Zeit kaum Untersuchungen vor, auf die sich der Konstrukteur stützen könnte. Hierzu möchte die vorliegende Untersuchung einen Beitrag liefern. Sie bezweckt, durch Versuch den Einfluß der Drehzahl zu bestimmen und an Hand dieser Ergebnisse Rechnungsverfahren auszuarbeiten, die die Vorausbestimmung dieses Einflusses ermöglichen.

In gleicher Richtung haben früher Gramberg (Forschungsarbeit 76) und Eisner (Dampfturbinen mit veränderlicher Drehzahl, Dissertation München, „Die Turbine" 1912, Seite 97) gearbeitet und die Grundlagen geschaffen, auf denen die vorliegende Arbeit weiterbauen konnte.

Durch das besondere Entgegenkommen der M.A.N., Werk Nürnberg, erhielt Verfasser Gelegenheit, im dortigen Prüffeld eine vielstufige Gegendruckturbine für den Drehzahlbereich 0 bis 7500 Umdr./min zu untersuchen. Für die bereitwilligste und liebenswürdige Unterstützung sei den Herren der M.A.N. auch an dieser Stelle herzlichst gedankt. Die Korrektur besorgten die Herren Dr.-Ing. W. Bucher und Dipl.-Ing. F. Lößer des gleichen Werkes.

Allgemeiner Versuchsplan.

Der Einfluß der Drehzahländerungen macht sich geltend in der Leistung, im Wirkungsgrad und in der Zustandsänderung des Dampfes. Das Arbeiten des Dampfteils der Turbine läßt sich am besten beurteilen und am klarsten veranschaulichen durch Darstellung des Zustandsverlaufes im J-S-Diagramm; denn Leistung, Verluste und Wirkungsgrad sowie ihre Verteilung auf die einzelnen Stufen lassen sich aus diesem Schaubild ersehen. Auf diese Darstellung wurde deshalb der Hauptwert gelegt.

Für die Kurve, die die Zustandspunkte am Anfang und Ende jeder Stufe im J-S-Diagramm verbindet, wurde der Ausdruck „Ganglinie" gebraucht. Um für verschiedene Drehzahlen die Ganglinie festzulegen, müssen einige ihrer Punkte bestimmt werden, was durch Messung von zwei Zustandsgrößen geschehen kann. Als erste Größe wird man stets den Druck messen, da dies verhältnismäßig einfach durchzuführen ist. Für die zweite Größe hat man die Wahl, einerseits im Naßdampfgebiet die Dampffeuchtigkeit oder im Heißdampfgebiet die Temperatur zu messen, anderseits den Wärmeinhalt zu bestimmen. Die letztere Feststellung erwies sich, wie weiter unten ausgeführt, als undurchführbar; die Bestimmung der Dampffeuchtigkeit ist mit großen Schwierigkeiten verknüpft, auch umständlich und nach Sendtner nur sehr schwer mit genügender Genauigkeit durchzuführen. Die günstigste Möglichkeit bietet die Temperaturmessung, wobei allerdings die Ganglinie vollständig im überhitzten Gebiet liegen muß. Für die Untersuchung kommt deshalb in erster Linie eine Gegendruckturbine in Betracht.

Der Unterschied der Wärmeinhalte am Anfang und Ende jeder Stufe wie auch der ganzen Turbine gibt im Wärmemaß die zugehörige innere Leistung an. Aus dem Vergleich der tatsächlich abgegebenen Leistung — im vorliegenden Fall durch eine Wasserbremse gemessen — mit der inneren Leistung ergeben sich die mechanischen Verluste des Versuchsaggregates (Turbine mit Bremse). Zur Nachprüfung dieser Verluste und vor allem, um sie trennen zu können nach ihrem auf die Turbine und die Bremse entfallenden Anteil, erwies sich eine besondere Bestimmung als notwendig. Ein Elektromotor, der die Möglichkeit gegeben hätte, das Versuchsaggregat bzw. seine Teile einzeln von außen anzutreiben, stand nicht zur Verfügung. Dabei wären in einfacher Weise die Verluste durch die abgegebene elektrische Leistung bestimmt. Deshalb sollte die Verlustbestimmung und Beurteilung des mechanischen Teils auf Grund von Auslaufversuchen vorgenommen werden.

Außer der Drehzahl kann sich auch noch Belastung, Anfangszustand des Dampfes und der Gegendruck ändern. Mit Rücksicht auf die zur Verfügung stehende Zeit wurden alle diese Größen konstant gehalten und die Auswirkung ihrer Änderung bei gleichzeitiger Drehzahländerung nicht untersucht. Alle Versuche wurden mit voll geöffneten Einströmventilen durchgeführt, so daß — von Überlastungsmöglichkeit abgesehen — bei jeder Drehzahl die entsprechende höchste Leistung abgegeben wurde. Das Einstellen der Maschine auf eine bestimmte Drehzahl geschah infolgedessen nur durch Änderungen in der Belastung.

Versuchsturbine.

Die zur Verfügung stehende Maschine war eine zehnstufige Gegendruckturbine mit 30% Reaktion und 866 PSe bei normaler Drehzahl. Die Leitschaufeln sind allseitig bearbeitet und einzeln eingesetzt. Der Läufer ist aus einem Stück hergestellt und hat aus dem Vollen gedrehte Scheiben von gleicher Breite. Weitere Angaben sind aus der Schnittzeichnung Abb. 1 ersichtlich. Das vor der sechsten Stufe eingebaute Überlastungsventil war für die vorliegenden Versuche durch einen Blindflansch ersetzt.

Die Hauptdaten der Maschine sind:

Eintrittsdruck. . . . . 15 ata
Eintrittstemperatur . . . . 300° C
Gegendruck. . . . . 1,5 ata
Drehzahl . . . . 6000 Umdr./min

	Durchmesser mm	Beaufschlagung	Schaufellänge mm	a_1	β_1	β_2
1. Stufe	500	76 %	5,0	17°	35°	30°
2. ,,	400	voll	5,0	,,	,,	,,
3. ,,	,,	,,	6,0	,,	,,	,,
4. ,,	,,	,,	7,0	,,	,,	,,
5. ,,	,,	,,	8,73	,,	,,	,,
6. ,,	,,	,,	13,0	,,	,,	,,
7. ,,	,,	,,	11,5	,,	,,	,,
8. ,,	,,	,,	14,5	,,	,,	,,
9. ,,	,,	,,	17,8	,,	,,	,,
10. ,,	,,	,,	22,0	,,	,,	,,

Die Bedeutung der Winkel erhellt aus der Aufstellung auf Seite 24.

Die Leiträder sind nicht direkt in das Turbinengehäuse eingebaut, sondern dampf-dicht in einen zweiteiligen Zylinder eingepaßt; dieser wird in besondere Nuten des Turbinengehäuses eingesetzt und ist allseitig von Dampf umspült. Durch diesen

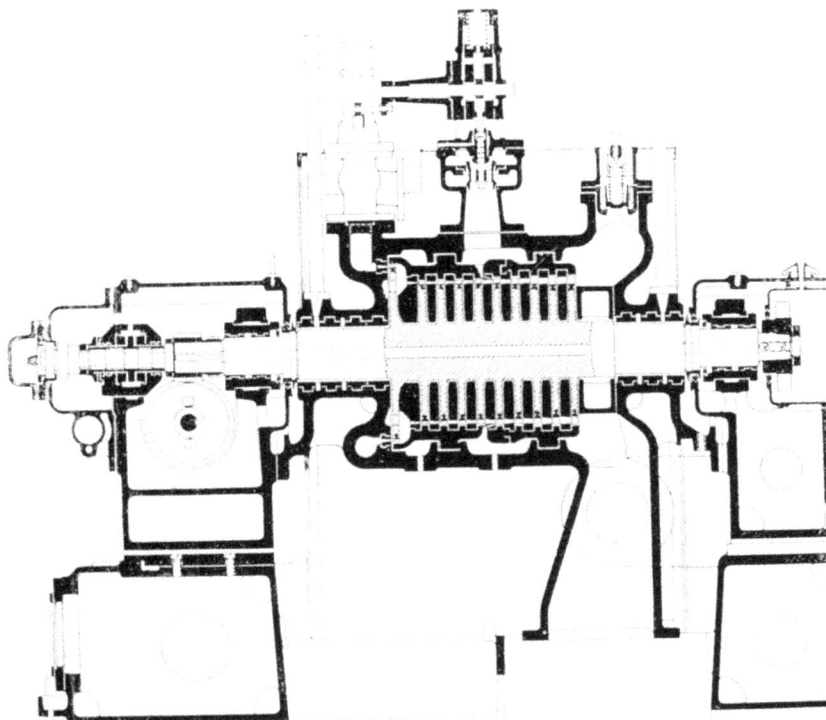

Abb. 1.

Umstand wird ein etwa sich ausbildender Wärmefluß im Einsatzzylinder und auch im Gehäuse zwar nicht beseitigt, aber doch stark vermindert. Mit Rücksicht auf die weiter unten durchgebildete Temperaturmessung ist dies von Bedeutung, da durch Ab- oder Zuleitung von Wärme die Messung stark gefälscht würde.

Vorbereitende Messungen.

Wie schwierig es ist, Temperaturen richtig zu messen, ist nach Knoblauch und Hencky genügend bekannt. Durch Ableitung und Abstrahlung kommt es leicht vor, daß sich Wärmemengen der Messung entziehen; deshalb muß auf alle Nebenumstände sehr sorgfältig geachtet und die Ausbildung jedes Wärmestromes möglichst verhindert werden. Bei Messungen im strömenden Medium kommen noch neue Fehlerquellen hinzu; so kann z. B. durch Stoß auf Thermometer oder Thermo-element die Temperatur zu hoch oder auch dadurch, daß das Instrument nicht völlig vom strömenden Medium umgeben ist, zu gering gemessen werden.

Um eine richtige Messung zu erreichen, kommt es also auf die Beantwortung der Fragen an:

1. Herrscht an der Stelle, die das Instrument erfaßt, überhaupt die Temperatur, die gemessen werden soll?

2. Zeigt das Instrument tatsächlich die Temperatur seiner Umgebung an?
3. Welche Fehlerquellen verneinen die beiden Fragen zu 1. und 2., wie sind sie zu beseitigen oder rechnerisch zu berücksichtigen?

Die Erfassung dieser Nebenumstände und ihrer Einflüsse erfordert häufig besondere Versuche mit öfterer Wiederholung; so auch im vorliegenden Falle.

Bei der Turbine kommt noch als besondere Schwierigkeit hinzu, daß die Meßstellen mit den normalen Instrumenten kaum zu erreichen und noch viel weniger zu überwachen sind.

Zunächst bestand die Absicht, aus den zu messenden Stufen eine geringe Menge Dampf abzusaugen, ihn in einem Kalorimeter niederzuschlagen und seinen Wärmeinhalt zu bestimmen. In Ausführung dieses Gedankens wurde ein Kalorimeter gebaut, bestehend aus einem zylindrischen Dampfgefäß von einem Wassermantel umgeben. Die Dampfeinströmung geschah von oben; unten konnte das Kondensat abgelassen werden. Der Kühlwasserstrom wurde durch eine düsenartige Verengung in den Mantel eingeführt, so daß das Wasser in starker Bewegung das Dampfgefäß umkreiste. Die Ein- und Austrittstemperatur des Kühlwassers wurde mittels in $1/10^0$ geteilter Thermometer gemessen, ferner die Kondensattemperatur; Kühlwasser- und Kondensatmenge wurden durch Wägung bestimmt. Zur Kontrolle wurde das Dampfgefäß mit je einem Manometer und Thermometer versehen. Besondere Beachtung verdiente der Umstand, daß das Wasser im Kühlmantel viel Luft ausschied, für deren Entfernung gesorgt werden mußte, ohne daß sich Wärmemengen der Messung entzogen. Die Niederschlagsmenge wurde für jede Bestimmung zu etwa 15 kg gewählt. Bei der Ermittlung des Wasserwertes zeigte sich nach langen Versuchen hin und her und häufigen Änderungen und Verbesserungen, daß sich die notwendige Genauigkeit nicht erzielen ließ; es wollte nicht gelingen, die Fehlergrenze im Wärmeinhalt des Dampfes unter 7 kcal/kg herunterzudrücken. Es lag dies an der zu großen Zahl von Einzelmessungen, deren an sich geringe Fehler durch Summierung zu groß wurden.

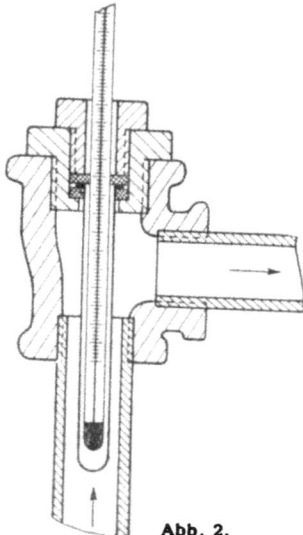

Abb. 2.

Inzwischen war bekannt geworden, daß im Laboratorium für Wärmekraftmaschinen an der Technischen Hochschule zu München Temperaturmessungen durch Einbau von Thermoelementen in Absaugleitungen mit Erfolg durchgeführt waren. Ein Einblick in die Anordnung der Meßvorrichtung gab wertvolle Anregungen.

Nun wurde in die Absaugleitung ein Thermometer eingebaut. Einzelheiten über den Einbau der Thermometer gehen aus Abb. 2 hervor. Zuerst wurde versucht, das Thermometer unmittelbar vom Dampf umspülen zu lassen. Da aber, deutlich erkennbar durch Wärmespannungen — vielleicht hervorgerufen durch kondensierende Wassertröpfchen —, eine größere Zahl von Instrumenten Risse bekam und auseinander fiel, wurde eine einseitig geschlossene Kupferhülse von 0,5 mm Stärke angeordnet. Wie Abb. 2 zeigt, geschah die Befestigung der Hülse mit Klingeritscheiben, so daß keine metallische Wärmeleitung stattfinden konnte. Die Hülse wurde mit Quecksilber im unteren Teil gefüllt; in dieses tauchte das Thermometer ein.

Wegen der Wärmeverluste und der Expansion in der Absaugleitung wird die Anzeige des Thermometers jedenfalls geringer sein als die tatsächliche Temperatur der betreffenden Stufe. Diese Minderanzeige so festzustellen, daß sie bei den Messungen an der Turbine von vornherein entsprechend berücksichtigt werden konnte, war die nächste Aufgabe. Zu dem Zweck wurden eine Reihe von Eichversuchen angestellt.

Abb. 3.

Die Verhältnisse wurden möglichst entsprechend denen an der Turbine hergestellt, siehe Abb. 3, 4 und 5. Abb. 6 zeigt eine Übersicht der Versuchsanordnung für die

Abb. 4.

Eichung. Das Absaugen geschah durch ein $^3/_8''$-Gasrohr, das an der Turbine bis in den jeweiligen Strömungsquerschnitt durchgeführt wurde. An der Einführungsstelle erfuhr das Rohr sorgfältige Abrundung. Kurz vor dem Thermometer wurde ein

Absperrhahn in die Leitung eingebaut. An einem Rohr von 60 mm l. W. wurde die Absaugleitung in der Länge, wie an der Turbine erforderlich, angebracht; sie mündete in eine Sammelleitung von 40 mm l. W., die zu einem Hilfskondensator führte. Ein Ventil in der Sammelleitung gestattete, den Druckabfall im Absaugrohr genau zu regeln. Die Hauptleitung von 60 mm l. W. ersetzte bei der Eichung gewissermaßen die Turbine. In ihr wurden in Rohrkrümmungen vor und hinter der Abzweigung der Absaugleitung Thermometer eingebaut, auch wieder die Achse in der Strömungsrichtung, um möglichst große Eintauchtiefe zu gewährleisten. Da es sich nur um Messungen von kürzerer Dauer handelte, ließ man die Thermometer ohne Hülse unmittelbar vom Dampf umströmen, um die Genauigkeit zu erhöhen. Von

Abb. 5.

Anbringung eines Strahlungsschutzes wurde abgesehen, um bei höheren Geschwindigkeiten die Instrumente nicht zu sehr zu gefährden, nachdem bereits mehrere Thermometer zerstört waren; infolge der guten Isolierung dürfte der etwaige Fehler vernachlässigbar klein sein. An den gleichen Stellen und an der Abführungsstelle der Absaugleitung wurde durch Manometer der Druck gemessen, ebenso in der Sammelleitung nach Einmündung des Absaugrohres. Die Rohrleitungen wurden so weit als nötig, wie Abb. 3 zeigt, mit Asbestschnur 30 mm stark isoliert. In der Hauptleitung, die in einen Kondensator mündete, konnte mit Ventilen vor und hinter der Versuchsstrecke die Strömung genau eingestellt werden. Für die Eichung kam es auf den Vergleich der Temperaturen in der Absaugstelle der Hauptleitung und der gemessenen im Absaugrohr an. Die erstere kann man aus den gemessenen Temperaturen vor und hinter der Absaugstelle berechnen, wenn man die Temperaturänderung über die Länge der Versuchsstrecke als linear annimmt, was von den tatsächlichen Verhältnissen nicht sehr abweichen wird. Vor den Versuchen wurde die ganze Anordnung mit Sattdampf überprüft; die gemessenen Drücke und Temperaturen stellten sich genau als einander zugeordnet heraus. Daß tatsächlich gesättigter Dampf vorhanden war, wurde dadurch erreicht, daß der unmittelbar vor der Versuchsleitung angeordnete

Wasserabscheider bis zur Hälfte mit Wasser gefüllt wurde. Durch Mischung von Heißdampf und Sattdampf bestand die Möglichkeit, die Temperatur in der Versuchsstrecke weitgehend zu verändern.

Sämtliche benutzten Manometer und Thermometer für die Eichung und für die Hauptversuche wurden in der Nürnberger Versuchsanstalt der M.A.N. nach von der Reichsanstalt geprüften Normalinstrumenten genau geeicht und häufiger zwischen den Versuchen und nach Abschluß genau überprüft.

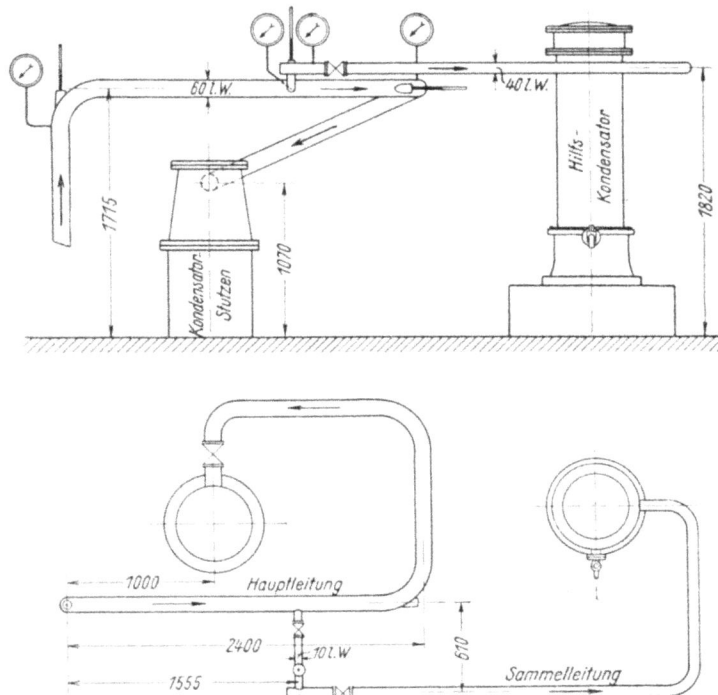

Abb. 6.

Die Messungen bei der Eichung erstreckten sich
in der Hauptstrecke auf:

    1. Temperaturen vor und hinter der Absaugstelle,

    2. Druck vor, hinter und in der Absaugstelle;

in der Absaugleitung auf:

    3. Temperatur;

in der Sammelleitung auf:

    4. Druck,

    5. Niederschlagsmenge im Kondensator,

    6. Niederschlagsmenge im Hilfskondensator.

Die beiden letzten Messungen dienten zur Errechnung der Geschwindigkeit in Hauptstrecke und Absaugrohr. Jede Messung erstreckte sich auf mindestens 5 min; die Ablesungen erfolgten jede Minute.

In sieben Versuchsreihen wurde der Einfluß von Druck, Druckgefälle, Temperatur und Geschwindigkeit auf die Minderanzeige des Thermometers festgestellt. Es zeigte sich bald, daß die notwendige Temperaturberichtigung sich als Abhängige des Wärmegefälles in der Absaugleitung darstellen ließ. Der Druck des zu messenden Dampfes war im untersuchten Gebiet ohne Einfluß auf die Temperaturabweichung. Mit zunehmender Dampftemperatur wurde, wie leicht einzusehen, das Unterschreiten des richtigen Wertes größer, da die Wärmeverluste durch Leitung und Strahlung mit der Temperaturdifferenz zunehmen.

Zahlentafeln 1 bis 5 geben die Versuchsergebnisse. In Versuchsreihe 7 wurde der Einfluß der Geschwindigkeit untersucht. Druck, Temperatur in der Hauptleitung und das Wärmegefälle der Absaugleitung wurden unverändert gehalten, nur die Geschwindigkeit in der Hauptleitung wurde gewandelt. Wie zu erwarten war, erwies sich die Änderung der Geschwindigkeit als einflußlos auf die Temperaturabweichung, da das Absaugrohr mit gut abgerundeter Einmündung versehen war. Dies ist nur eine Bestätigung der schon von Büchner (Forschungsarbeit 18, S. 89) und Loschge (Forschungsarbeit 144, S. 15) festgestellten Tatsache. Es folgt daraus, daß die Eichung sehr wahrscheinlich auch für die höheren Dampfgeschwindigkeiten in der Turbine Gültigkeit hat.

Zahlentafel 1.

Eichung der Absaugleitung zur Temperaturmessung.

Versuchsreihe 1.

In der Hauptleitung			In der Absaugleitung				Temperatur-berichtigung
Geschwindigkeit m/s	Druck ata	Temperatur °C	Geschwindigkeit m/s	Temperatur °C	Druckgefälle at	Wärmegefälle kcal/kg	°C
15	2,15	130	145	124,5	0,7	14	5,5
15	2,1	128,5	129	123,5	0,55	11	5
27	2,3	123	80	121	0,2	4,2	2
30	2,4	124,5	80	122	0,2	4,2	2,5
29	2,4	124,5	70	122,5	0,15	3,1	2
26	2,65	127,5	20	127,5	0,0	0,0	0

Versuchsreihe 2.

29	4,1	150,5	84	147,5	0,45	4,7	3
30	4,1	153	76	150	0,35	3,7	3
29	3,9	149	69	146	0,3	3,1	3
28	4,2	151,5	40	148	0,1	1	3,5
29	3,85	149	42	146,5	0,1	1	2,5

Zahlentafel 2.

Versuchsreihe 3.

In der Hauptleitung			In der Absaugleitung				Temperatur-berichtigung
Geschwindigkeit m/s	Druck ata	Temperatur °C	Geschwindigkeit m/s	Temperatur °C	Druckgefälle at	Wärmegefälle kcal/kg	°C
73	2,0	204,5	174	199,5	0,7	18	5
74	2,05	205,5	151	201	0,6	15,5	4,5
81	2,15	206,5	144	202	0,55	14	4,5
83	2,05	207,5	125	203	0,4	10	4,5
31	8,7	202	80	199	0,75	4,3	3
13	8,8	200	75	197	0,65	3,7	3
28	6,6	218	35	215	0,1	0,8	3
27	7,7	217	39	213,5	0,15	1	3,5
17	7,0	185,5	39	182,5	0,15	1	3

Zahlentafel 2. (Fortsetzung.)

Versuchsreihe 4.

In der Hauptleitung			In der Absaugleitung				Temperatur-berichtigung
Geschwin-digkeit m/s	Druck ata	Temperatur °C	Geschwin-digkeit m/s	Temperatur °C	Druckgefälle at	Wärmegefälle kcal/kg	°C
73	3,15	252	188	245	1,55	26	7
70	3,15	231	182	224	1,55	26	7
66	3,15	245	185	239,5	1,3	22	5,5
66	3,15	241,5	156	235,5	0,95	16	6
69	3,05	242,5	129	237,5	0,65	11	5
69	3,15	243	104	237,5	0,4	6,8	5,5
18	7,1	231,5	91	228,5	0,7	5,5	3
72	3,1	236	88	231	0,3	5,1	5
18	7,15	230,5	83	228,5	0,55	4,5	2
17	7,1	230	73	227,5	0,45	3,5	2,5
82	9,65	224,5	70	221,5	0,65	3,3	3
16	7,3	229,5	67	226,5	0,35	3	3
33	6,75	226	27	214,5	0,05	0,5	11,5

Zahlentafel 3.

Versuchsreihe 5.

In der Hauptleitung			In der Absaugleitung				Temperatur-berichtigung
Geschwin-digkeit m/s	Druck ata	Temperatur °C	Geschwin-digkeit m/s	Temperatur °C	Druckgefälle at	Wärmegefälle kcal/kg	°C
92	4,6	259,5	163	254,5	1,4	17,5	5
92	4,6	252,5	107	248,5	0,6	7,5	4
51	6,8	254	111	250,5	0,95	7,5	3,5
91	4,6	260,5	103	257	0,55	7	3,5
91	4,65	260,5	96	257	0,5	6	3,5
92	4,65	258,5	87	255	0,4	5	3,5
51	7,15	254,5	87	252	0,65	5	2,5
53	7,25	254,5	67	251,5	0,35	3	3
92	4,65	259	55	255,5	0,15	2	3,5
51	7,15	253	48	249,5	0,2	1,5	3,5
94	4,6	254	28	248,5	0,05	0,5	5,5

Zahlentafel 4.

Versuchsreihe 6.

In der Hauptleitung			In der Absaugleitung				Temperatur berichtigung
Geschwin-digkeit m/s	Druck ata	Temperatur °C	Geschwin-digkeit m/s	Temperatur °C	Druckgefälle at	Wärmegefälle kcal/kg	°C
32	8,75	274	123	268,5	1,5	10	5,5
32	7,4	275,5	113	270,5	1,3	8,5	5
73	7,15	276	110	271,5	1,2	8,0	4,5
32	8,9	277,5	99	273	1,0	6,5	4,5
30	7,6	273	94	269	0,9	5,8	4
50	9,3	289	94	285	0,9	5,8	4
73	7,2	280,5	88	277	0,8	5,2	3,5
52	9,25	285,5	78	282	0,6	4	3,5

Zahlentafel 4. Versuchsreihe 6. (Fortsetzung.)

In der Hauptleitung			In der Absaugleitung				Temperatur-berichtigung
Geschwin-digkeit m/s	Druck ata	Temperatur °C	Geschwin-digkeit m/s	Temperatur °C	Druckgefälle at	Wärmegefälle kcal/kg	°C
49	8,9	287,5	76	283,5	06,	3,9	4
73	7,4	280,5	78	277	0,6	3,9	3,5
49	9,3	283,5	66	279,5	0,45	3,0	4
53	9,2	289,5	67	286	0,45	3,0	3,5
32	8,85	284	66	280,5	0,45	3,0	3,5
72	7,15	279,5	55	276	0,3	2,0	3,5
53	8,75	286	44	283	0,2	1,3	3
31	9,55	278,5	39	274	0,15	1,0	4,5
72	7,35	276,5	33	270,5	0,1	0,7	6
48	9,45	280	33	274	0,1	0,7	6
50	9,15	284	20	273,5	0,05	0,3	10,5

Zahlentafel 5.
Versuchsreihe 7.

In der Hauptleitung			In der Absaugleitung				Temperatur-berichtigung
Geschwin-digkeit m/s	Druck ata	Temperatur °C	Geschwin-digkeit m/s	Temperatur °C	Druckgefälle at	Wärmegefälle kcal/kg	°C
13	8,95	200	78	197	0,65	3,9	3
31	8,85	202	82	199	0,75	4,5	3
47	9,6	202,5	79	200	0,75	4,0	2,5
66	9,05	204,5	79	201	0,75	4,0	3,5
69	9,3	214	79	211,5	0,75	4,0	2,5
82	9,8	224,5	73	221,5	0,65	3,5	3
81	9,1	210	79	206,5	0,75	4,0	3,5

Um den Umfang der meßtechnischen Hilfsmittel und der Eichversuche nicht zu groß werden zu lassen, wurden alle Messungen mit nur einer Eintauchtiefe der Thermo-meter durchgeführt. Daher war meist die Vermehrung der gemessenen Temperatur um eine Fadenkorrektur nötig nach der Formel

$$\varDelta t = \frac{n\,(t_g - t_f)}{6300}$$

n = herausragende Fadenlänge in °C,
t_g = gemessene Temperatur in °C,
t_f = Fadentemperatur.

Die Konstante 6300 entspricht der bei den Thermometern verwendeten Glas-sorte. Die Fadentemperatur wurde mittels Thermometer stets besonders bestimmt.

In Abb. 7 ist die bei den Versuchsreihen ermittelte Temperaturberichtigung in Abhängigkeit vom Wärmegefälle der Absaugleitung graphisch aufgetragen. Wenn man die verschiedenen Temperaturgebiete berücksichtigt, in denen die Feststellungen gemacht sind, so findet man recht gute Übereinstimmung der Versuche. Die Minder-anzeige des Thermometers bzw. die hinzuzufügende Temperaturberichtigung setzt sich aus zwei Gliedern zusammen: erstens aus dem Temperaturabfall, der bedingt ist durch die Expansion in der Absaugleitung und der, wie ein Blick auf das J-S-Diagramm lehrt, linear abhängig vom Wärmegefälle des Absaugrohres ist; zweitens aus einem Glied, das seine Ursache in den Wärmeverlusten durch Leitung und Strahlung hat und von der Dampftemperatur und den Wärmeübergangskoeffizienten abhängt. Nehmen wir die letzteren für die betrachteten Verhältnisse als einigermaßen unveränderlich an, so hat das zweite Glied für gleichbleibende Temperatur eine feststehende Größe, mit hinreichender Genauigkeit also auch für ein engeres Temperaturgebiet. Daraus folgt, daß die Temperaturberichtigung in Abhängigkeit vom Wärmegefälle für ein begrenztes Temperaturgebiet eine Gerade sein muß, wie es die Versuche auch etwa ergeben. Daß die Kurve nicht durch Null geht bzw. bei kleinen Gefällen keine Gerade mehr ist, leuchtet ein; denn beim Gefälle Null geht gar kein Dampf mehr durch, so daß die Temperaturabweichung dem Unterschied von Raumtemperatur und

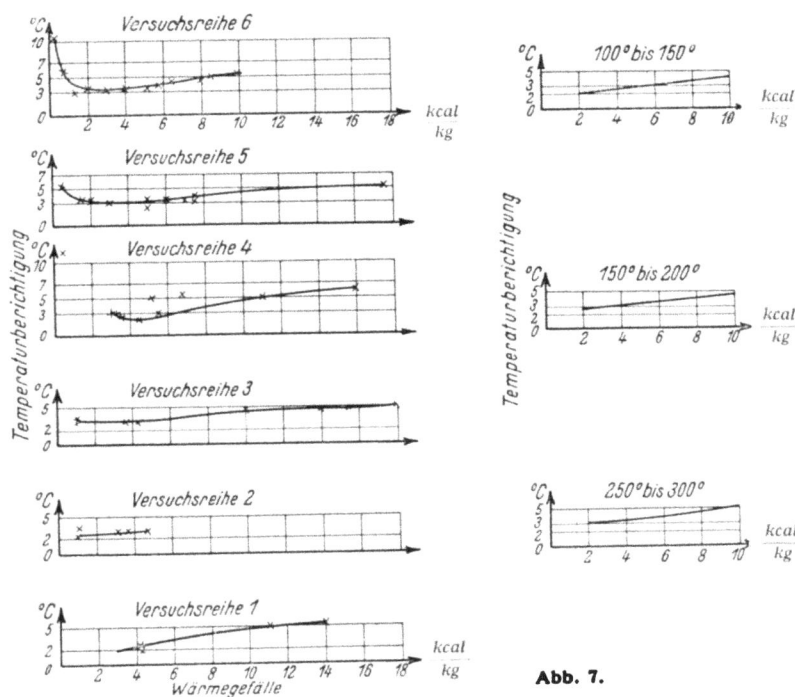

Abb. 7.

Dampftemperatur nahe kommt; auch bei sehr kleinen Gefällen schleicht nur wenig Dampf durch, der Querschnitt ist kaum ganz ausgefüllt, daher wird die Minderanzeige recht erheblich. Es erwies sich daher nicht als zweckmäßig, eine gewisse Geschwindigkeit in der Absaugleitung — etwa 50 m/s — zu unterschreiten. Auf solche Weise erklärt sich das Ansteigen der Kurven bei sehr kleinen Gefällen. Neben den Versuchskurven sind auf Abb. 7 für verschiedene Temperaturgebiete die Geraden aufgezeichnet, wie sie bei den Hauptversuchen berücksichtigt werden sollen.

Hauptversuche.

Versuchsanordnung.

Da im Betrieb der Dampfkessel gewisse Druckschwankungen kaum zu vermeiden sind, mußte Sorge getragen werden, diese von der Turbine fernzuhalten. Deshalb wurde vor der Maschine ein Drosselventil eingebaut, um stets den genauen Eintrittsdruck einstellen zu können.

Der Dampfzustand wurde gemessen:

> vor der Turbine (nach dem Drosselventil),
> nach der 1. Stufe,
> vor der 4. Stufe,
> nach der 4. Stufe,
> nach der 6. Stufe,
> vor der 9. Stufe,
> nach der 9. Stufe,
> im Abdampfstutzen (nach der 10. Stufe).

Um eine übersichtliche Anordnung zu erreichen, wurden die Bohrungen für Druck- und Temperaturmessung je an verschiedenen Seiten ausgeführt, so daß auf einer Seite nur die Leitungen und Manometer zur Druckermittlung zusammenlagen, auf der andern Seite sich sämtliche Instrumente zur Feststellung der Temperatur befanden. Man könnte nun einwenden, es bestehe keine Sicherheit dafür, daß an beiden Meßstellen der gleiche Dampfzustand herrsche. Da jedoch außer der 1. Stufe alle Räder voll beaufschlagt sind und zudem das verarbeitete Wärmegefälle jeder Stufe klein ist, dürfte über dem Beaufschlagungskreisbogen eines Rades der Dampfzustand wohl nur vernachlässigbar kleine Unterschiede aufweisen.

Die Bohrungen wurden so ausgeführt, daß die Achse des Rohrs mit dem Mittel des axialen Spaltes zusammenfiel; dabei wurde die Wandung des Leitapparates mitangebohrt. Für die Temperaturmessung wurden $3/8''$, für die Druckmessung $1/4''$ Gasrohre verwandt. Mit gut abgerundeter Einmündung versehen, wurden die Rohre bis an den Strömungsquerschnitt eingeschraubt. Die Anordnung für die Temperaturmessung geschah entsprechend, wie schon oben bei der Eichung beschrieben. Je 3 bzw. 4 Absaugrohre führten in eine gemeinsame Sammelleitung; hinter den Meßstellen wurden beide Sammelleitungen zu einer gemeinsamen vereinigt und leiteten den Dampf zu dem schon oben benutzten Hilfskondensator. In den Sammelleitungen war nach jeder Einführung ein Schieber eingebaut und vor diesem ein Manometer. Mit diesen Hilfsmitteln war es möglich, in dem jeweils zugehörigen Absaugrohr jedes gewünschte Druck- also auch Wärmegefälle einzustellen. Bei den Versuchen wurde dies Gefälle stets zwischen 4 und 10 kcal/kg gehalten. Es wurde Vorsorge getroffen, die gesamte niedergeschlagene Absaugmenge durch Wägung zu bestimmen. Alle Meßleitungen waren vom Austritt an der Turbine an, genau wie bei der Eichung, mit Asbestschnur 30 mm stark isoliert. Die Maschine selbst war nicht isoliert; siehe hierzu Abb. 4 und 5. Die Lichtbilder wurden vor Anbringung der Isolierung gemacht, um die Absaugleitungen klar hervortreten zu lassen.

Der Gegendruck wurde mittels eines Schiebers im Abdampfstutzen eingestellt und ständig geregelt.

Auf alle Druckmessungen wurde größte Sorgfalt verwandt; um jede Saugwirkung zu vermeiden, wurden die Meßleitungen an der Einmündung gut abgerundet. Es wurden Federmanometer mit möglichst großer Skala benutzt, um die Ablesegenauigkeit zu vergrößern. Vor und nach jedem Versuch wurden die Instrumente in der Versuchsanstalt der M.A.N. mit Eichmanometern der Reichsanstalt genau verglichen.

Die Drehzahlmessung geschah neben der Ablesung des eingebauten Betriebsinstrumentes durch einen Handumlaufzähler.

Die Abbremsung der Turbine erfolgte durch eine unmittelbar gekuppelte Wasserbremse, und zwar für die Drehzahlen 4000 bis 7500 mit einer Bremsscheibe, 1500 bis 4000 mit vier Bremsscheiben, für 600 Umdr./min mit einer Froude-Bremse, wie sie von Gramberg in „Technische Messungen" auf Seite 275 beschrieben wird.

Die Kondensatmessung geschah mit der üblichen, gut tarierten und geeichten Wägevorrichtung; bei jeder Wägung wurde der Wasserstand im Kondensator abgelesen.

Regelventil und Teillastventile waren während aller Versuche voll geöffnet. Mit dem Begriff Teillastventile sind die Organe gemeint, die es gestatten, je eine Anzahl aufeinander folgender Leitkanäle der 1. Stufe abzusperren und damit gleichzeitig Dampfmenge und Beaufschlagung zu ändern. Das Überlastventil, das zur Einführung von Frischdampf in die 6. Stufe diente, wurde abgenommen und durch einen Blindflansch ersetzt.

Der aus der hinteren Stopfbüchse entweichende Dampf wurde, da er ja in allen Stufen gearbeitet hat, dem Kondensator zugeführt. Durch häufiges Überprüfen mittels des Temperaturgefühls der Hand geschah die Einstellung stets so, daß nur ein ganz geringer Dampfschwaden entweichen konnte. Die vordere Stopfbüchse wurde mit Frischdampf abgedichtet. Sämtlicher Arbeit leistende Dampf wurde somit gemessen.

Durchführung der Versuche.

Innerhalb des Meßbereiches jeder Bremse wurden für verschiedene Drehzahlen Temperaturen, Drücke, Kondensat, Absaugmenge und Leistung bestimmt. Zur Ermittlung der Leerlaufverluste wurden dann mit jedem Versuchsaggregat mehrere Auslaufversuche durchgeführt.

Temperaturen.

Von der Temperaturmessung abgesehen, waren die Meßmethoden die üblichen. Die Durchführung der ersteren werde am besten an einem Beispiel erläutert:

$$n = 3088 \text{ Umdr./min.}$$

Temperatur nach der 4. Stufe:

Mittelwert aus den Ablesungen		232,0° C
Eichkorrektur für Thermometer		+ 1,0° C
		233,0° C
Fadenkorrektur:		
herausragender Faden	112° C	
Fadentemperatur	46° C	+ 3,5° C
		236,5° C
Druck in der Turbine	6,80 ata	
Druck nach dem Thermometer	5,85 ata	
Druckgefälle der Absaugleitung	0,95 at	
Wärmegefälle der Absaugleitung	7,6 kcal/kg	
Berichtigung für die Absaugleitung		+ 4,0° C
		240,5° C

Nachdem das Wärmegefälle für die Absaugleitung festgestellt ist, kann die Berichtigung der Abb. 7 entnommen werden.

Um sicher zu sein, daß sich die Messungen in den Absaugrohren nicht gegenseitig beeinflußten, wurde in jeder Leitung zunächst einzeln gemessen; dann wurden nacheinander die andern Absaugrohre auch in Betrieb genommen. Thermometeranzeige und Druckgefälle blieben völlig unverändert, woraus hervorgeht, daß die Meßstellen einander nicht störten. Die gute Isolierung der Leitungen und der vorsichtige Einbau der Schieber in die Sammelleitung erfüllten somit vollkommen ihren Zweck.

Jeder Versuch erstreckte sich nach Eintreten konstanter Verhältnisse über ½ bis ¾ Stunde. Alle 5 min wurde eine Ablesung gemacht. Die nach den Eichungen berichtigten Mittelwerte sind auf Zahlentafel 6 und 7 wiedergegeben.

Zahlentafel 6.

Versuchsaggregat mit einer Bremsscheibe.

	n = 7541 ata	n = 7541 °C	n = 6956 ata	n = 6956 °C	n = 6475 ata	n = 6475 °C	n = 5870 ata	n = 5870 °C	n = 5410 ata	n = 5410 °C	n = 4963 ata	n = 4963 °C	n = 4435 ata	n = 4435 °C	n = 3960 ata	n = 3960 °C
Vor d. Turbine	15,0	300,5	15,2	299,5	14,9	299,5	15,0	299,5	15,1	299	15,2	203	15,2	297,5	15,0	298,5
nach d. 1. Stufe	12,5	284,5	12,5	282	12,3	283,5	12,6	282,5	12,5	281,5	12,5	282	12,6	276	12,5	275,5
vor d. 4. Stufe	8,5	251	8,4	247,5	8,2	248	8,4	247,5	8,4	248	8,5	251,5	8,5	248	8,3	249,5
nach d. 4. Stufe	6,7	232,5	6,7	229,5	6,75	230,5	6,7	229	6,72	231	6,85	235	6,80	230,5	6,70	233,5
nach d. 6. Stufe	4,57	199,5	4,6	199	4,47	197	4,58	197	4,52	199	4,69	204	4,56	201,5	4,50	205
vor d. 9. Stufe	2,70	158,5	2,7	157	2,63	157	2,68	157	2,70	159,5	2,74	166	2,70	165,5	2,67	171
nach d. 9. Stufe	2,10	139	2,13	133	2,05	137,5	2,08	138	2,11	141	2,15	149	2,10	148,5	2,05	156,5
im Abdampfstutzen	1,50	114,5	1,49	131	1,46	115	1,48	115,5	1,50	120	1,48	128	1,48	128	1,51	137,5
Dampfaufnahme ... kg/h	7220		7376		7323		7440		7454		7642		7575		7402	
Belastung ... PS	804		814		825		828		826		821		805		770	
$A L_i$ ... kcal/kg	80,7		80,5		79,7		79,0		77,0		75,5		72,5		68,5	
$A L.$ ... kcal/kg	110,0		110,0		109,8		110,0		110,0		111,0		110,5		110,0	

Zahlentafel 7.

Versuchsaggregat mit vier Bremsscheiben.

	n = 4005 ata	n = 4005 °C	n = 3518 ata	n = 3518 °C	n = 3088 ata	n = 3088 °C	n = 2570 ata	n = 2570 °C	n = 2004 ata	n = 2004 °C	n = 1645 ata	n = 1645 °C	mit Froudebremse n = 577 ata	mit Froudebremse n = 577 °C
Vor der Turbine	15,1	299,5	15,2	304,5	15,1	300,5	15,1	303	15,05	301,5	15,1	300	15,0	301
nach d. 1. Stufe	12,3	276,5	12,35	281	12,2	279	12,2	284	12,15	284	12,2	284	12,5	289
vor d. 4. Stufe	8,35	249	8,35	254,5	8,3	254,5	8,3	261	8,2	265,5	8,3	269	8,2	282
nach d. 4 Stufe	6,80	234	6,85	240,5	6,80	240,5	6,82	248	6,81	254,5	6,84	258,5	7,04	277
nach d. 6. Stufe	4,54	205	4,60	214	4,53	216	4,55	227	4,55	233,5	4,57	243	4,68	267
vor d. 9. Stufe	2,71	170	2,71	180,5	2,72	183,5	2,68	198,5	2,72	209	2,72	220,5	2,79	256,5
nach d. 9. Stufe	2,09	157	2,08	167	2,07	171	2,09	187	2,10	199,5	2,07	210	2,13	252,5
im Abdampfstutzen	1,50	137	1,50	150	1,52	157	1,45	173	1,47	190	1,45	201	1,55	247,5
Dampfaufnahme ... kg/h	7440		7274		7425		7377		7410		7347		7482	
Belastung ... PS	760		749		684		612		503		430		165	
$A L_i$ ... kcal/kg	69,0		65,0		60,0		53,5		45,0		38,5		17,0	
$A L.$ ... kcal/kg	110,0		110,5		110,5		112,5		110,8		112,0		110	

Die abgesaugte Dampfmenge war bei allen Versuchen etwa 400 kg/h.

Aus Zahlentafel 6 und 7 erkennt man, daß Anfangszustand und Gegendruck ziemlich konstant gehalten werden konnten, so daß das verarbeitete adiabatische Wärmegefälle für alle Versuche etwa das gleiche war. Sehr deutlich ist das Ansteigen der Abdampftemperatur mit fallender Drehzahl, was eine Abnahme des Wirkungsgrades bedeutet. Die Dampfaufnahme weist Schwankungen bis zu 5,5% auf, ohne daß eine Abhängigkeit von der Drehzahl zu erkennen wäre.

Bis zu rd. 1600 Umdr./min herab gelang es, in Abständen von je 500 Umdr./min einen Versuch durchzuführen; für den Leistungsbereich zwischen $n = 1645$ und $n = 577$ stand jedoch keine Bremse zur Verfügung, so daß in dem niederen Drehzahlbereich der Einfluß der Drehzahländerung nicht mehr ganz klar beurteilt werden kann.

Auslaufversuche.

Jedes Versuchsaggregat wurde auf die höchstmögliche Drehzahl gebracht, dann wurde der Schnellschluß ausgelöst und gleichzeitig der mit einer Stoppuhr zusammengebaute Umlaufzähler in Gang gesetzt. Alle 10 s wurde die Zahl der Gesamtumläufe abgelesen. Die abgelesenen Werte finden sich auf Zahlentafel 8, 9 und 10. Für die Turbine allein (Abb. 8) und das Aggregat mit vier Bremsscheiben (Abb. 9) wurden je mehrere Auslaufversuche in verschiedenem Vakuum gemacht. Die Lagertemperaturen waren die

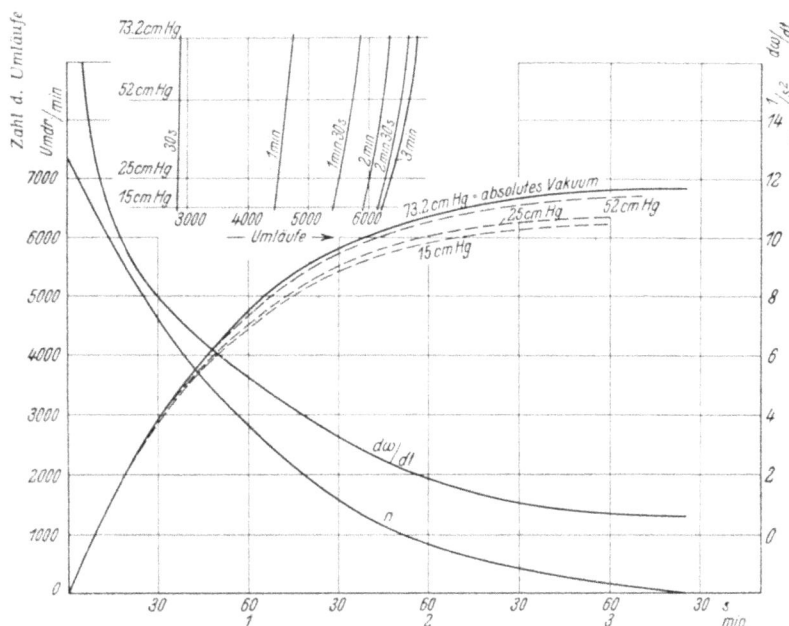

Abb. 8.

gleichen wie bei den Hauptversuchen. Druck und Lieferung der Ölpumpe wurden, soweit möglich, entsprechend eingestellt. Die Zahl der Umläufe nach gleicher Zeitdauer in Abhängigkeit vom Vakuum (in cm Hg gemessen) aufgetragen, ergibt eine schwach gekrümmte Kurve, die es gestattet, auf das absolute Vakuum zu extrapolieren; siehe Abb. 8. Der Fehler, der entsteht, wenn man die Kurve durch eine Gerade ersetzt, ist vernachlässigbar klein. Zur Auswertung der Zahlentafel 9 (Turbine mit vier Bremsscheiben) wurde daher in Abb. 9 eine Gerade zur Extrapolation benutzt, zumal nur je zwei Punkte der Kurve vorlagen. Durch dies Verfahren ge-

3*

lang es, den Selbstverbrauch der Maschine frei von Ventilation und Radreibung der Turbinenräder zu erhalten. Inzwischen hat Stodola (Z. d. V. D. I. 1925, S. 1177) ein ähnliches Verfahren veröffentlicht. Er trägt direkt den Kraftverbrauch in Abhängigkeit von Raumgewicht des die Räder umgebenden Stoffes auf — in seinem Fall Luft —; da er die Bestimmung des Leistungsverbrauches durch Antrieb von außen vornahm, waren die Räder bestimmt von Luft umgeben, deren Raumgewicht durch

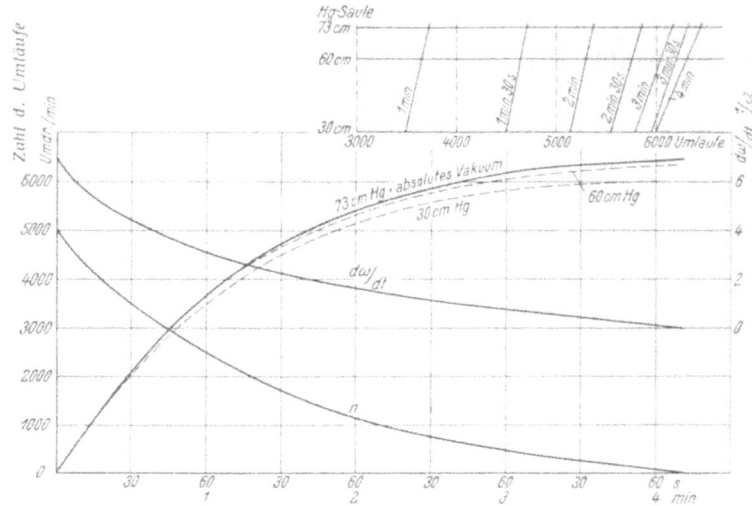

Abb. 9.

Messung von Druck und Temperatur festlag. Im vorliegenden Falle des Auslaufversuches sind die Räder von einem Dampf-Luftgemisch umgeben, dessen Raumgewicht meßtechnisch festzulegen bekanntlich recht schwierig ist. Die Bestimmung nach dem Verfahren von Stodola ist zweifellos genauer, bedingt aber umfangreichere Versuchseinrichtungen durch die Notwendigkeit der Antriebsmöglichkeit von außen. Das oben benutzte Verfahren erfordert dagegen keine besonderen Hilfsmittel und ist bei jeder Betriebsmaschine sofort anwendbar.

Zahlentafel 8.
Auslaufversuch am 25. April 1925.
Turbine gekuppelt mit einer Bremsscheibe.

Zeit s	Umläufe	Vakuum cm	Zeit s	Umläufe	Vakuum cm
10	920		100	4350	
20	1700		110	4425	
30	2300		120	4485	
40	2800	50	130	4525	50
50	3250		135	4550	
70	3900		143	4560	
82	4125		152	4575	
90	4250				

Drehzahl n	Umdr./min	1000	2000	3000	4000	5000
Bremsendes Moment M_d . . . . . . mkg		3,8	4,4	5,6	7,4	9,9
Bremsleistung . . . . PS		5,5	12,0	23,0	41,5	69,5
Ventilationsarbeit der Bremsscheibe . PS		0	0,1	0,5	1.1	2,1
Lagerreibung und Pumpenleistung . . PS		5,5	11,9	22,5	40,4	67,4

Zahlentafel 9.

Auslaufversuch am 4. Juni 1925.

Turbine gekuppelt mit vier Bremsscheiben. ($J = 2,044\,\mathrm{mkg\,s^2}$.)

Zeit min	Zeit s	Umläufe	Vakuum cm	Zeit min	Zeit s	Umläufe	Vakuum cm
	5	350			5	350	
	10	750			10	750	
	15	1100			30	2050	
	25	1750			40	2600	
	30	2100			45	2850	
	35	2400			50	3100	
	40	2650		1	00	3500	
	45	3000			10	3850	
	50	3150			15	4160	
1	00	3550			20	4220	
	10	4000			25	4330	
	15	4160			30	4510	
	20	4360			40	4750	
	30	4600			50	5000	
	40	4910			55	5090	
	50	5100	60	2	00	5175	
	55	5220			5	5270	30
2	00	5320			10	5340	
	10	5460			15	5410	
	15	5560			20	5460	
	20	5630			25	5540	
	30	5750			30	5600	
	45	5900			40	5690	
3	00	6050			50	5775	
	10	6125			55	5800	
	20	6175		3	00	5845	
	30	6210			10	5895	
	45	6270			20	5950	
	55	6290			30	5975	
4	00	6297			35	5985	
	8	6304			40	5998	
					45	6010	
					55	6025	
				4	00	6027	

Drehzahl n Umdr./min	500	1000	2000	3000	4000
Bremsendes Moment M_d . . . . . mkg	0,9	1,46	2,66	3,6	4,95
Bremsleistung . . . . PS	1,2	4,1	15,2	30,8	57,2
Ventilationsarbeit der Bremsscheiben PS	0	0,2	1,0	3,6	8,9
Lagerreibung und Pumpenleistung . . PS	1,2	3,9	14,2	27,2	48,3

Zahlentafel 10.

Auslaufversuch am 5. Juni 1925.

Turbine allein. ($J = 0,6747$ mkg s².)

15 cm Vakuum		25 cm Vakuum		52 cm Vakuum	
Zeit min s	Umläufe	Zeit min s	Umläufe	Zeit min s	Umläufe
5	500	5	500	5	500
10	1100	10	1100	10	1100
20	2000	20	2000	15	1500
25	2400	30	2900	20	2000
30	2900	40	3500	25	2450
40	3500	50	3950	30	2900
50	4100	1 00	4500	40	3580
1 00	4500	10	4850	50	4190
10	4900	15	5000	1 00	4600
15	5070	20	5160	10	5050
30	5490	30	5480	30	5700
45	5780	40	5590	40	6000
55	5950	55	5885	50	6100
2 10	6110	2 10	5990	2 00	6250
20	6190	15	6025	10	6380
30	6253	20	6070	20	6470
40	6300	30	6135	30	6530
45	6320	40	6167	40	6610
50	6332	50	6194	50	6647
55	6337	55	6202	3 00	6672
59,5	6344	58,2	6204	10,2	6683

Drehzahl n Umdr./min	1000	2000	3000	4000	5000	6000
Bremsendes Moment M_d mkg.	1,61	2,72	3,75	4,75	5,78	7,34
Lagerreibung u. Pumpen- leistung . . . . PS	2,25	7,6	15,7	26,5	40,7	61,5

Um bei den Auslaufversuchen mit Bremse die Ventilationsarbeit der Bremsscheiben von den übrigen Verlustarbeiten trennen zu können, wurde die erstere gesondert berechnet. Nach der Formel von Stodola (Dampf- und Gasturbinen, 5. Aufl., S. 165) ist die Verlustleistung einer glatten Radscheibe in Heißdampf und Luft:

$$N_{VR} \text{ (in PS)} = \beta_1 D^2 \frac{u^3}{10^6} \gamma,$$

wobei

$$\beta_1 = 1,46.$$

Weiter unten wird auf diese Formel noch näher eingegangen.

Da die Bremsscheiben beim Auslaufversuch nicht frei in Luft laufen, sondern ziemlich eng von einem Gehäuse umgeben sind, wurde entsprechend den bei Stodola gegebenen Anleitungen zur obigen Formel noch ein Beiwert von 0,5 hinzugefügt.

Die Auswertung der Auslaufversuche erhellt aus Abb. 8 und 9, sowie aus Zahlentafel 8, 9 und 10. In üblicher Weise wurden die abgelesenen Gesamtumläufe in Abhängigkeit von der Auslaufzeit graphisch aufgetragen und daraus durch Differenzenbilden die Kurve der Umläufe in der Minute abgeleitet, welche in entsprechendem Maßstab auch gleich als Kurve der Winkelgeschwindigkeiten aufgefaßt werden kann. Die letztere Kurve durch Differenzenbilden noch einmal abgeleitet nach der Zeit, ergab die Kurve der Winkelbeschleunigungen. Aus der Gleichung

$$M_d = J \cdot \frac{d\omega}{dt}$$

wurde nach Errechnung der Massenträgheitsmomente J in bezug auf die Drehachse das bremsende Drehmoment erhalten und daraus in bekannter Weise die Leistung. Die Berechnung des Trägheitsmomentes vom Turbinenrotor gestaltete sich besonders einfach, da es sich um Scheiben gleicher Breite handelte. Nach Abzug der Ventilationsarbeit der Bremsscheiben enthält der errechnete Wert neben den unbeträchtlichen

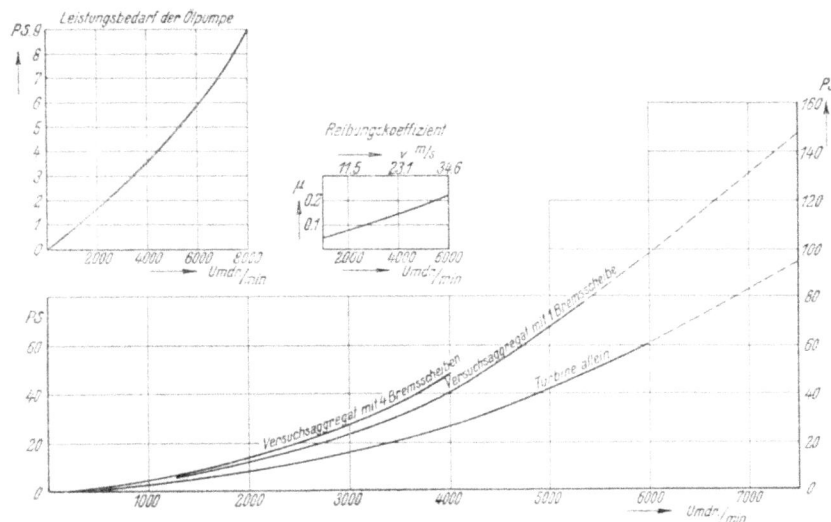

Abb. 10.

Verlusten durch Ventilation der Kupplung, Pumpenarbeit usw. lediglich die Lagerreibung. In Abb. 10 wurde der aus den Versuchswerten errechnete Eigenverbrauch der Maschine und Bremse in Abhängigkeit von der Drehzahl aufgetragen und daneben der Leistungsbedarf der Ölpumpe, um zu zeigen, daß dieser keine nennenswerte Rolle spielt.

Durch die Auslaufversuche werden die Reibungsverluste des Kammlagers zur Aufnahme des Axialschubs nicht erfaßt. Diese ergeben sich durch Rechnung wie folgt:

Axialschub:

$n = 7541$	$n = 5870$	$n = 4435$
$P = 4820$ kg	$P = 3860$ kg	$P = 2850$ kg.

Das verwendete Michell-Lager hatte eine Auflagerfläche von 39,7 cm² bei einem mittleren Abstand von der Drehachse von 5,3 cm. Mit einem Reibungskoeffizienten von 0,008 ergibt sich die Reibungsleistung des Kammlagers zu:

$n = 7541$	$n = 5870$	$n = 4435$
$N = 21,1$ PS	$N = 13,2$ PS	$N = 7,4$ PS.

Wenn man die Summe der mechanischen Verluste mit dem Unterschied zwischen der gemessenen Leistung an der Kupplung und der ebenfalls gemessenen inneren Leistung vergleicht, liegt die Vermutung nahe, daß die oben errechnete Verlustleistung des Kammlagers zu groß ist. Bei der Errechnung des Axialschubs wurde angenommen, daß sich der Spaltüberdruck über die ganze Fläche der Laufscheibe auswirkt. An der Richtigkeit dieser Annahme haben andere Untersuchungen Zweifel entstehen lassen; eine Klärung der Frage steht daher noch aus.

Betrachtung der Versuchsergebnisse.

Um einen ersten Überblick zu geben, in welchem Dampfgebiet die Versuche lagen, wurden die beiden Grenzfälle und zwei mittlere Fälle in Abb. 11 in ein J-S-Diagramm der üblichen Größe eingetragen.

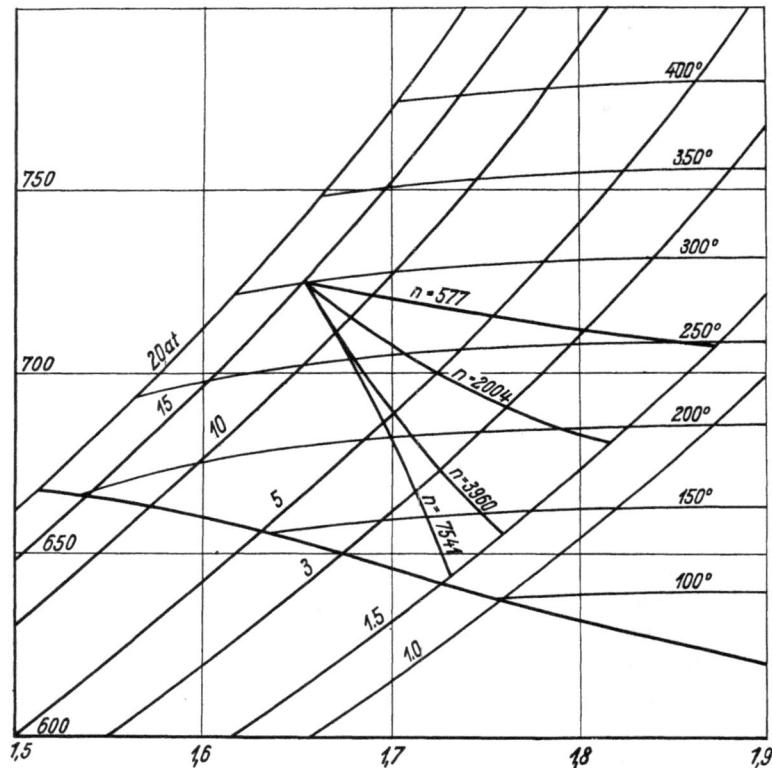

Abb. 11

Zur übersichtlichen Darstellung und wegen der bequemen Handhabung wurde den Darstellungen und Überlegungen stets das J-S-Diagramm zugrunde gelegt, und zwar eine Tafel nach Stodola, 5. Aufl., im Maßstab: 1 kcal/kg = 2 mm. Verglichen mit dem Diagramm nach Knoblauch, Raisch, Hausen 1923 und Mollier 1925 zeigt die Tafel in dem benutzten Gebiet in den Wärmegefällen keinen Unterschied, in den Wärmeinhalten waren jedoch Abweichungen von allerdings höchstens 0,5 kcal/kg vorhanden.

In Abb. 12 wurden die gemessenen Zustandspunkte und ihre Verbindungslinien, die Ganglinien, gemäß ihrem Verlauf im J-S-Diagramm eingetragen. Die horizontalen

Abstände der Anfangspunkte wurden entsprechend dem Unterschied in der Drehzahl gewählt. Bei der Betrachtung fällt sofort die Abhängigkeit der Abdampftemperatur, damit also auch der inneren Leistung und des Wirkungsgrades von der Drehzahl auf. Bei der Betriebsdrehzahl $n = 6000$ findet sich die Ganglinie als Gerade; das besagt, alle Stufen haben nahezu gleichen Wirkungsgrad. Da der Radreibungsverlust wegen des größeren spezifischen Dampfgewichtes in den ersten Stufen zweifellos größer ist als in den letzten, muß bei normaler Drehzahl also der Wirkungsgrad am Radumfang in den ersten Stufen größer sein als in den folgenden, um den größeren Verlust ausgleichen zu können. Bei den Drehzahlen über 6000 zeigt sich in der Ganglinie schon eine Rechtskrümmung, d. h. sie wird gegen Ende der Maschine zu steiler. Der Stufenwirkungsgrad wird in Richtung der Dampfströmung fortschreitend immer besser. Die Erklärung dafür findet sich in dem mit zunehmender Drehzahl immer stärker werdenden Radreibungsverlust, der vor allem auf die ersten Stufen verschlechternd wirkt. Zwar steigt er mit der Drehzahl in allen Stufen verhältnisgleich, da er aber in der letzten Stufe bei $n = 7500$ erst 0,06 kcal/kg ausmacht, spielt er hier tatsächlich gar keine Rolle und kann sich ebensowenig im J-S-Diagramm bemerkbar machen. Die Linkskrümmung, also das Flacherwerden der Ganglinie gegen die letzten Stufen mit abnehmender Drehzahl bedeutet ein Schlechterwerden der Stufenwirkungsgrade gegen das Ende zu. Dies ist so zu deuten, daß sich die letzten Stufen am meisten vom normalen Betriebszustand entfernen; mit fallender Drehzahl steigen die Verluste und damit das Volumen und das verarbeitete Wärmegefälle mehr und mehr gegen den Abdampfstutzen zu; mit dem Gefälle wachsen bekanntlich die relativen Verluste, fällt also der Wirkungsgrad.

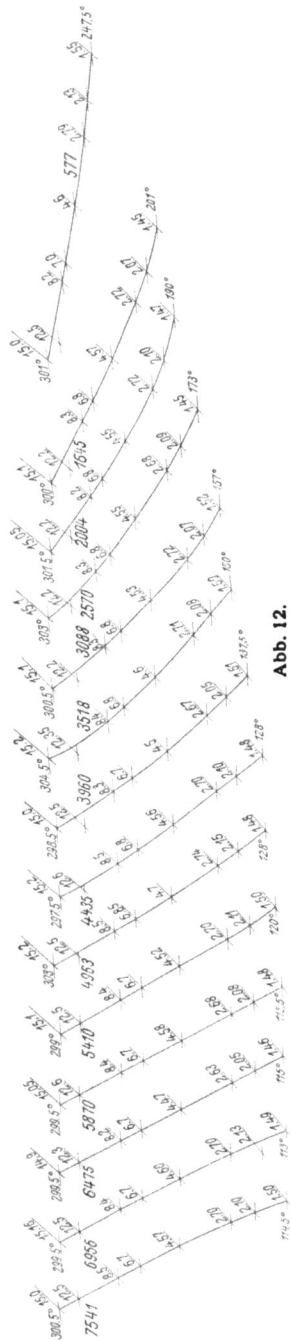

Bei der Betrachtung der einzelnen Zustandspunkte fällt auf, daß bei $n = 6956$ die Temperatur nach der 9. Stufe nicht in der Ganglinie liegt, sie liegt um 6° zu tief; es handelt sich wohl um eine Fehlmessung, da das Wärmegefälle der Absaugleitung hier nur 2,6 kcal/kg betrug, ein Wert der nicht verbürgt, daß der ganze Leitungsquerschnitt mit Dampf ausgefüllt war, wie schon die Eichversuche bewiesen; die Temperatur wurde daher zu niedrig gemessen.

Ganz auffallend ist die Abweichung des Zustandspunktes nach der ersten Stufe nach unten von der vermutlich richtigen Lage bei Drehzahlen unter 5000 Umdr./min. Die Abweichung beträgt 2° bis 7°. An der Druckmessung zu zweifeln, liegt kein Grund vor; denn wie in den übrigen Stufen stellt sich der Druck als unabhängig von der Drehzahl heraus; er stimmt etwa mit den an gleicher Stelle gemessenen Drücken der übrigen Versuche überein. Die bei allen Drehzahlen gleichbleibende Druckaufteilung ist in Abb. 13 dargestellt. Der Fehler dürfte also in der Temperaturmessung zu suchen sein. Selbstverständlich lag die Meßstelle im beaufschlagten

Abb. 12.

Teil und auch nicht in der Nähe seiner Grenze. Es liegt also kein Anlaß vor zu der Annahme, daß ruhender Dampf aus einem toten Winkel abgesaugt werde. Dagegen spricht ja
auch die Tatsache, daß bei den hohen Drehzahlen die Temperatur anscheinend richtig
gemessen wurde. Nachdem das erste Mal die Abweichung festgestellt war, wurde die
Leitung genau untersucht, da eine Störung im Strömungsquerschnitt vermutet wurde.
Die sorgfältige Prüfung war ergebnislos. Beim nächsten Versuch wurde das Gefälle
im Absaugrohr mehrfach geändert, doch ohne Erfolg. Bemerkenswert ist folgende
Feststellung: Nach einem Versuch mit $n = 4000$, bei dem die Abweichung des Punktes
vorhanden war, wurde ein Versuch mit $n = 6500$ angestellt, ohne daß an der Absaug-
vorrichtung das Geringste geändert wurde; während der Drehzahländerung wurde
der Thermometer scharf beobachtet, und es war festzustellen, wie mit dem Steigen der
Drehzahl auch die Temperatur wieder stieg, so daß sie bei $n = 5500$ wieder genau

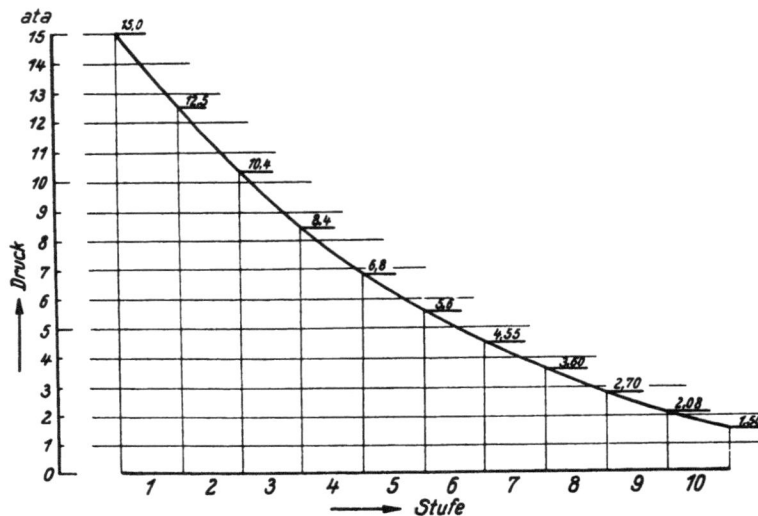

Abb. 13.

in der Ganglinie lag. Am nächsten Versuchstag wurde der Vorgang wiederholt und
zeitigte das gleiche Ergebnis. Da diese merkwürdige Erscheinung einzig und allein
nach der e r s t e n Stufe vorkam, dürfte sie ihren Grund in der teilweisen Beaufschlagung
haben, worin sich die erste Stufe allein von den andern unterscheidet. Daß der Übergang von der teilweisen in die volle Beaufschlagung Unregelmäßigkeiten in die Strömung bringt, leuchtet ein; unklar bleibt nur der Zusammenhang mit der Drehzahl.
Als Erklärung könnte vielleicht die Überlegung dienen, daß mit kleiner werdender
Umfangsgeschwindigkeit die Richtung der absoluten Austrittsgeschwindigkeit sich
immer mehr der der relativen Austrittsgeschwindigkeit aus dem Laufrad nähert; hierdurch findet ein Aufprallen auf die Wandung des nachfolgenden Leitrades statt und
der Übergang in die volle Beaufschlagung wird immer verwickelter. Die genaue
Ursache der Störungen festzustellen, war nicht mehr möglich, da die Maschine nicht
länger zur Verfügung stand.

Im übrigen beweisen die Ergebnisse die recht gute Brauchbarkeit der angewandten
Meßart. Auf gleiche oder ähnliche Weise dürften noch manche Untersuchungen
durchzuführen sein, die bisher an der Schwierigkeit der Temperaturmessung scheiterten.

Ein Blick auf die Kondensatmengen der Versuche (Zahlentafel 5 bis 7) zeigt ein
starkes Schwanken, ohne daß irgendeine Gesetzmäßigkeit deutlich wird. Obwohl der
Kondensator mehrmals nach beendeten Versuchen bei sorgfältig abgestellter Dampf-

zufuhr durch Ingangsetzen des Kühlwasserstroms und Laufenlassen der Kondensatpumpe und Strahlluftpumpe auf Dichthalten geprüft und stets in Ordnung befunden wurde, können die Unterschiede nur durch Undichtigkeiten erklärt werden. Die vorgenommene Prüfung kann auch nicht als unbedingt zuverlässig angesehen werden, da sie den Kondensator nicht im Betriebszustande erfaßt. Die hierdurch entstehende Unsicherheit in der Betrachtung ist zu bedauern, doch lag die Ursache dazu in den Verhältnissen, da der Kondensator nicht nur den vorliegenden Versuchen diente, sondern zwischen den Versuchen auch anderweitig benutzt wurde.

Ehe auf weitere Einzelheiten eingegangen wird, seien einige grundlegende Betrachtungen angestellt.

Berechnung von Leistung und Verlusten.

Es soll versucht werden, die durch Versuch erhaltenen Werte für die innere Leistung einer jeden Stufe wie auch der ganzen Turbine ebenfalls auf rechnerischem Wege zu erhalten. Bei Nachrechnung einer vorhandenen Turbine muß man stets einige Annahmen machen, um dann durch Probieren den tatsächlichen Zustandsverlauf zu finden. Mit den Zustandspunkten sind die Volumina gegeben und mit diesen durch die Kontinuitätsgleichung die Geschwindigkeiten. Mit Hilfe des Satzes vom Antrieb kann aus letzteren die Leistung am Radumfang errechnet werden, die nach Abzug der Zwischenverluste auf die innere Leistung führt. Hierbei ist vor allem der sogenannte Stoßverlust von Bedeutung, für dessen Erfassung wesentliche Unterlagen vollständig fehlen. Bei der Errechnung der inneren Leistung kommt es also in der Hauptsache auf richtige Vorausbestimmung der Verluste an; deshalb wurde auf ihre eingehende Behandlung größter Wert gelegt. Die Wandungsverluste in Leit- und Laufrad wurden in üblicher Weise bei der Berechnung der Geschwindigkeiten durch Anbringung der Koeffizienten φ und ψ berücksichtigt, deren Größe an Hand der aufgenommenen Ganglinien durch Probieren ermittelt wurde. Von einer Berechnung des Auslaßverlustes konnte gänzlich abgesehen werden, da er in der Leistung am Radumfang nicht mehr enthalten ist.

Bezeichnungen und Formelgrößen.

$A = \dfrac{1}{427}$	kcal/mkg	mechanisches Wärmeäquivalent,
c_1, c_2	m/s	absolute Dampfgeschwindigkeiten,
c_{1u}, c_{2u}	m/s	Umfangskomponenten der Geschwindigkeiten,
F	m²	Querschnitte,
G_h, G_s	kg/h, kg/s	Dampfgewicht in der Stunde, Sekunde,
D_e	kg/PSh	effektiver Dampfverbrauch je PS und Stunde,
h	kcal/kg	Wärmegefälle einer Stufe,
$A L_0$	kcal/kg	adiabatisches Wärmegefälle von 1 kg Dampf,
$A L_i$	kcal/kg	innere Arbeit von 1 kg Dampf,
$A L_u$	kcal/kg	Arbeit am Radumfang von 1 kg Dampf,
M_d	mkg	Drehmoment,
n	Umdr./min	Drehzahl in der Minute,
N_e, N_e'	PS	Leistung an der Kupplung bzw. Bremsscheibe,
N_i	PS	innere Leistung (bestimmt durch Anfangs- und Endzustand des Dampfes),
N_u	PS	Leistung am Radumfang,
N_{VR}	PS	Radreibungsverlust,

N_{Vst}	PS	Stoßverlust,
$N_{V mech}$	PS	mech. Verluste,
N_{VN}	PS	Nabenverlust,
AR	kcal/s	Radreibungsverlust im Wärmemaß,
p	at	Druck,
t	°C	Temperatur,
u	m/s	Umfangsgeschwindigkeit,
ω	1/s	Winkelgeschwindigkeit,
v	m³/kg	spez. Dampfvolumen
w_1, w_2	m/s	relative Dampfgeschwindigkeiten,
w_{2F}	m/s	aus dem Querschnitt errechnete Dampfgeschwindigkeit,
$w_{2\psi}$	m/s	mittels des Geschwindigkeitskoeffizienten aus w_1 errechnete Dampfgeschwindigkeit,
γ	kg/m³	spez. Dampfgewicht,
η_e	%	effektiver Wirkungsgrad,
η_i	%	innerer Wirkungsgrad,
η_u	%	Wirkungsgrad am Radumfang
Winkel a_1		Neigungswinkel der Austrittsgeschwindigkeit aus dem Leitrad gegen die Umfangsrichtung,
Winkel β_{1S}		Neigungswinkel der Laufschaufel am Eintritt gegen die Umfangsrichtung,
Winkel β_{1D}		Neigungswinkel der relativen Dampfgeschwindigkeit am Eintritt in die Laufschaufel gegen die Umfangsrichtung,
Winkel β_2		Neigungswinkel der Laufschaufel am Austritt gegen die Umfangsrichtung,
φ		Geschwindigkeitskoeffizient für das Leitrad,
ψ		Geschwindigkeitskoeffizient für das Laufrad.

Da die Turbine bei höheren Drehzahlen mit Überdruck arbeitet, läßt sich eine einfache Abhängigkeit der Leistung am Radumfang von der Drehzahl nicht aufstellen, denn der Anteil des im Laufrad verarbeiteten Gefälles ändert sich ebenfalls mit der Drehzahl. Die Leistung muß also für jede Umlaufzahl besonders gerechnet werden. Zugrunde gelegt wurde die Formel nach dem Satz vom Antrieb:

$$A L_u = \frac{A}{g} u (c_{1u} + c_{2u}) \quad \dots \dots \dots \quad (1)$$

Darin ist u mit der Drehzahl bekannt.

$$c_{1u} = c_1 \cdot \cos a_1 \quad \dots \dots \dots \quad (2)$$

Aus den Geschwindigkeitsdreiecken ergibt sich:

$$c_{2u} = w_2 \cdot \cos \beta_2 - u \quad \dots \dots \dots \quad (3)$$

w_2 ist aus der Kontinuitätsgleichung bekannt:

$$w_2 = \frac{G_s}{F_2} \cdot v_2 \quad \dots \dots \dots \quad (4)$$

F_2 und v_2 am Laufradaustritt.

Mit dem Kosinussatz ergibt sich aus den Geschwindigkeitsdreiecken:

$$\frac{w_1}{c_1} = \sqrt{\left(\frac{u}{c_1}\right)^2 - 2\frac{u}{c_1}\cos a_1 + 1} \quad \dots \dots \dots \quad (5)$$

Für Gleichdruck besteht die bekannte Beziehung:

$$w_2 = w_1 \cdot \psi = \frac{w_1}{c_1} \cdot c_1 \cdot \psi \quad . \quad . \quad . \quad . \quad . \quad . \quad (6)$$

Für die Bestimmung von AL_u bei Gleichdruck wurde zwecks möglichster Vereinfachung so vorgegangen: Aus (5) und (6) wurde w_2 und daraus mittels (3) c_{2u} bestimmt;
aus (2) ist c_{1u} bekannt, so daß man die Werte nur in (1) einzusetzen hat. Als wesentliche Erleichterung wurde aus (5) $\frac{w_1}{c_1}$ in Abhängigkeit von $\frac{u}{c_1}$ für die häufigst vor-
kommenden Fälle in Abb. 14 graphisch dargestellt. Jede Kurve hat ein Minimum

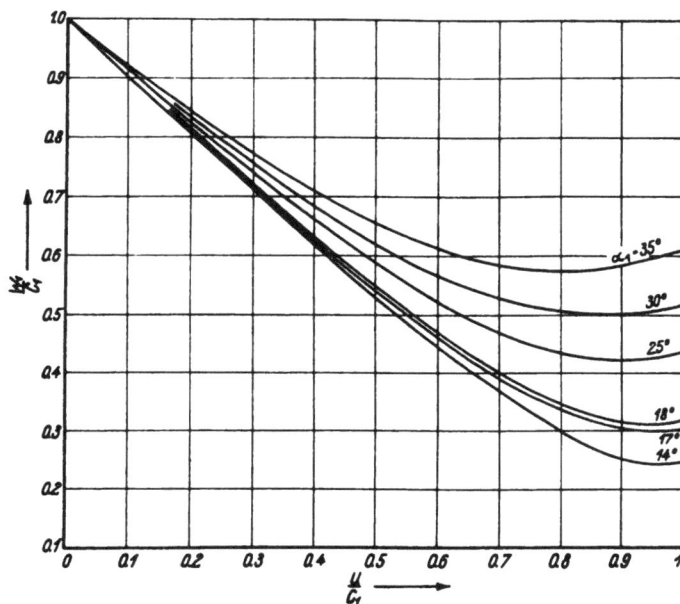

Abb. 14.

von $\frac{w_1}{c_1}$ für den Fall, daß w_1 senkrecht auf der Umfangsrichtung steht. Die beiden
Grenzfälle sind $a_1 = 0$, wobei die Kurve

$$\text{eine Gerade durch} \left\{ \begin{array}{cc} \dfrac{u}{c_1} = 0 & \dfrac{u}{c_1} = 1 \\[2mm] \dfrac{w_1}{c_1} = 1 & \dfrac{w_1}{c_1} = 0 \end{array} \right\} \text{wird,}$$

und zweitens $a_1 = 90^0$, wobei die Kurve eine Gerade wird, bestimmt durch $\frac{w_1}{c_1} = 1$
= const.

Feststellung der Grenzdrehzahl zwischen Gleichdruck und Überdruck.

Es ist von Wichtigkeit zu wissen, bis zu welcher Drehzahl herab das Laufrad mit
Überdruck arbeitet.

Nach der Kontinuitätsbedingung ist:

$$c_1 = \frac{G_s}{F_1} \cdot v_1 \quad . \quad . \quad . \quad . \quad . \quad . \quad . \quad . \quad (7)$$

F_1 und v_1 am Leitradaustritt.

Für den Grenzzustand, bei dem also keine Expansion mehr im Laufrad stattfindet, läßt sich der Unterschied zwischen v_1 und v_2 als klein vernachlässigen. Dann sind die Bestimmungsgleichungen für die Grenzdrehzahl:

$$\frac{w_2}{c_1} = \frac{w_1}{c_1} \cdot \psi \quad \text{aus (6)}$$

$$\frac{w_2}{c_1} = \frac{F_1}{F_2} \quad \text{aus (4) und (7)}$$

$$\frac{F_1}{F_2} = m$$

$$\psi \sqrt{\left(\frac{u}{c_1}\right)^2 - 2\frac{u}{c_1}\cos a_1 + 1} = m \quad \text{aus (5)}$$

$$\left(\frac{u}{c_1}\right)^2 - 2\frac{u}{c_1}\cos a_1 + 1 = \frac{m^2}{\psi^2}$$

$$\left(\frac{u}{c_1} - \cos a_1\right)^2 = \frac{m^2}{\psi^2} - 1 + \cos^2 a_1$$

$$\frac{u}{c_1} = \cos a_1 - \sqrt{\frac{m^2}{\psi^2} - 1 + \cos^2 a_1}$$

Mit den Verhältnissen der vorliegenden Turbine:

$$a_1 = 17^0, \quad \psi = 0,89, \quad m = 0,71$$

ergibt sich

$$\frac{u}{c_1} = 0,211;$$

bei einem mittleren $c_{1m} = 255$ m/s wird

$$u = 54 \text{ m/s};$$

also liegt die Grenzdrehzahl bei etwa

$$n = 2600 \text{ Umdr./min.}$$

Bei der genauen Durchrechnung weiter unten findet sich dieser Wert bestätigt.

Oberhalb der Grenze arbeitet die Turbine mit Überdruck; in diesem Fall berechnet sich w_2 aus dem Laufradquerschnitt nach (4). Unterhalb bei Gleichdruck bestimmt sich w_2 aus (6). In letzterem Falle ist der Laufschaufelquerschnitt bei der errechneten Geschwindigkeit nicht mehr ganz ausgefüllt, und es erhebt sich die Frage, ob dies den tatsächlichen Verhältnissen entspricht oder ob der Dampf entsprechend dem gebotenen Querschnitt seine Geschwindigkeit vermindert. Genau entscheiden läßt sich die Frage nicht, vermutlich wird sich ein mittlerer Zustand einstellen. Für w_2 wurde deshalb im Gleichdruckgebiet bei der Berechnung von AL_u das arithmetische Mittel zwischen den aus (4) und (6) erhaltenen Werten genommen.

Verluste.

Die innere Leistung AL_i ergibt sich durch Abzug der zusätzlichen Verluste von dem ideellen Wert AL_u, der stets nach Gleichung (1) errechnet werde unter der Annahme, daß keine Verluste stattfinden, daß insbesondere der Dampf stets unter dem richtigen Winkel in die Laufschaufel einströme.

Nabenverlust.

Durch die Zwischenstopfbüchse jeder Stufe geht stets eine gewisse Menge Dampf, ohne Arbeit zu leisten.

Es beżeichne: F_L den Leitradquerschnitt einer Stufe,

$\qquad\qquad$ F_s den freien Stopfbüchsenquerschnitt dieser Stufe.

Für die bei der untersuchten Maschine eingebauten Labyrinthstopfbüchsen hatte es sich erfahrungsgemäß als richtig erwiesen, zwischen Welle und Stopfbüchse ein radiales Spiel von 0,3 mm anzunehmen, daraus mittels des Wellendurchmessers den freien Stopfbüchsenquerschuitt F_s zu berechnen und die errechnete Leistung jeder Stufe im Verhältnis von $\dfrac{F_L - F_s}{F_L}$ zu verkleinern. Auf solche Weise geschah auch hier die Berücksichtigung des Nabenverlustes.

Im vorliegenden Fall machte der Nabenverlust für die ganze Turbine 5% von AL_u aus. Diese Zahl, die an und für sich hoch erscheint, erklärt sich zunächst aus der kleinen Einheit und dem Gegendruckbetrieb, wodurch kleine Leitradquerschnitte bedingt sind, sodann aus der im Verhältnis zum Beaufschlagungsdurchmesser starken Welle, die wegen der Schnelläufigkeit in solchen Ausmaßen ausgeführt werden mußte.

Radreibungs- und Ventilationsverlust im Dampfraum.

Dadurch, daß die umlaufenden Radscheiben und bei teilweiser Beaufschlagung auch der Schaufelkranz Arbeit an den umgebenden Dampf abgeben, die dort durch Verwirbelung in Wärme umgesetzt wird, entsteht ein besonderer Verlust. Die genaueste zur Zeit bekannte Formel zu seiner Erfassung dürfte die von Stodola sein (5. Aufl., S. 166):

$$N_{VR\,(\text{in PS})} = \lambda\,[\beta_1\,D^2 + \beta_2\,(1-\varepsilon)\,D\,L^{1,5}]\,\frac{u^3}{10^6}\,\gamma.$$

D = Beaufschlagungsdurchmesser in m,

L = Schaufellänge in cm,

ε = Beaufschlagungsgrad,

$\lambda = 1$ für Heißdampf und Luft $\left.\vphantom{\begin{array}{c}1\\1\\1\end{array}}\right\}$ Konstanten.

$\beta_1 = 1,46$

$\beta_2 = 0,83$

Zur Vereinfachung der Handhabung dieser oft gebrauchten Formel schreiben wir:

$$N_{VR\,(\text{in PS})} = \left(\lambda\,\beta_1\,D^2\,\frac{u^3}{10^6}\cdot\gamma\right)\cdot C \quad \ldots\ldots\ldots \quad (8)$$

$$C = 1 + \frac{\beta_2}{\beta_1}\cdot\frac{1}{D}\,(1-\varepsilon)\,L^{1,5}.$$

Für volle Beaufschlagung wird der Faktor C zu 1, so daß der Klammerwert in Gleichung (8) allein bestimmend für den Verlust ist. Gleichung (8) wurde in den Abb. 15, 16 u. 17 graphisch dargestellt. Abb. 15 gilt für größere Raddurchmesser und besitzt lineare Koordinaten, Abb. 16 erfaßt die kleinen Raddurchmesser und hat als Einteilung Logarithmenmaß. Da die Erfassung des Verlustes meist im Wärmemaß benötigt wird, wurde auf die Darstellung in dieser Einheit besonderer Wert gelegt.

Bei Teilbeaufschlagung wird der gefundene Wert mit dem Faktor C versehen, der aus Abb. 17 hervorgeht. Ein Beispiel ist gestrichelt eingezeichnet. Bei 40% Beaufschlagung, einer Schaufellänge von 2,5 cm und einem Beaufschlagungsdurch-

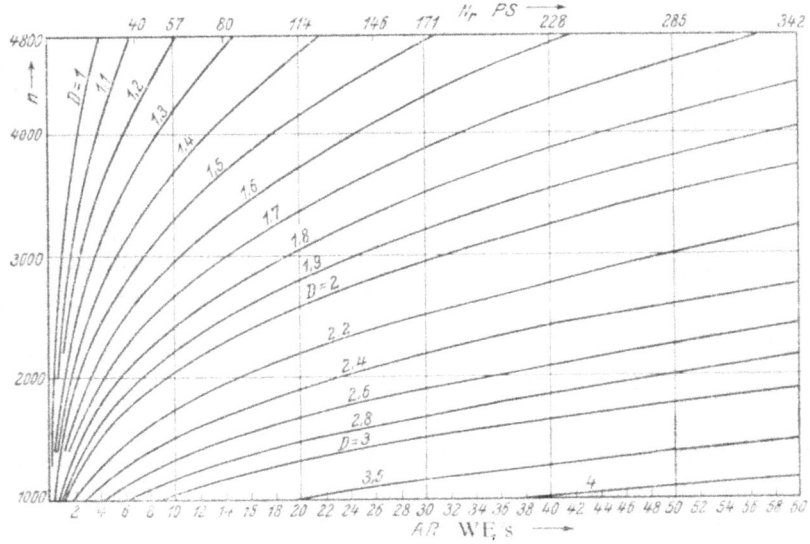

Abb. 15.

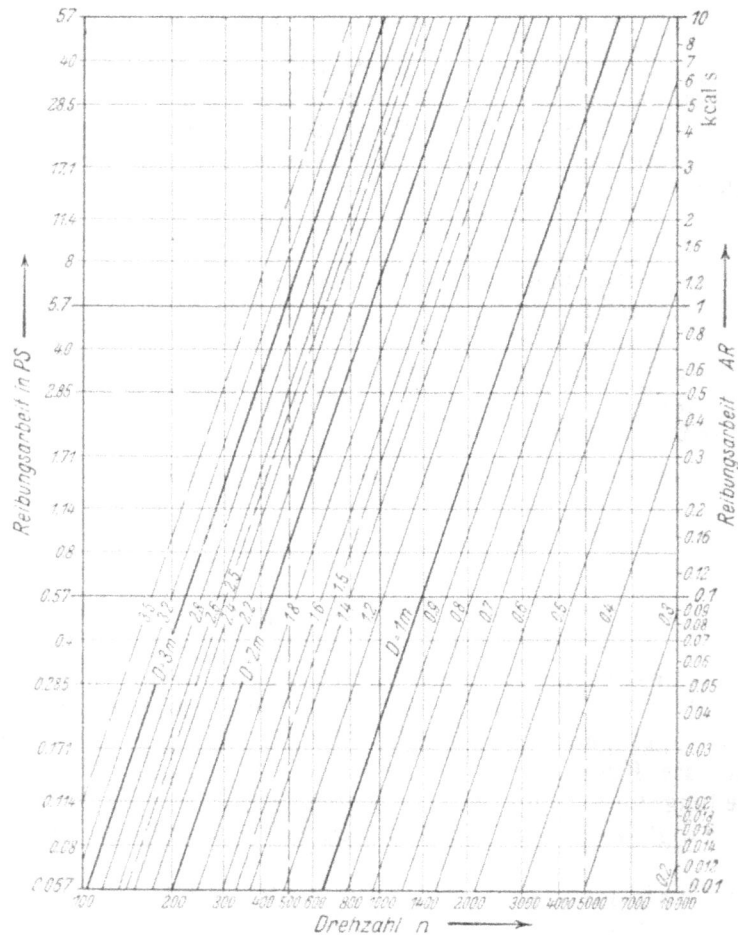

Abb. 16.

messer von 0,8 m ist $C = 2,68$. Der starke Einfluß von Durchmesser und Drehzahl tritt auf den Tafeln klar hervor. Die gegebenen Schaubilder gelten alle für $\gamma_1 = 1$.

Für ein anderes spez. Gewicht γ ist mit $\dfrac{\gamma}{\gamma_1}$ zu vervielfachen. Ist der den Tafeln im gewählten Maß entnommene Wert f_R, dann ist der Verlust:

$$A R \text{ bezw. } N_{VR} = f_R \cdot \gamma.$$

Sobald das Verhältnis zwischen γ und n bekannt ist, läßt sich auch N_{VR} als Abhängige der Drehzahl aufzeichnen.

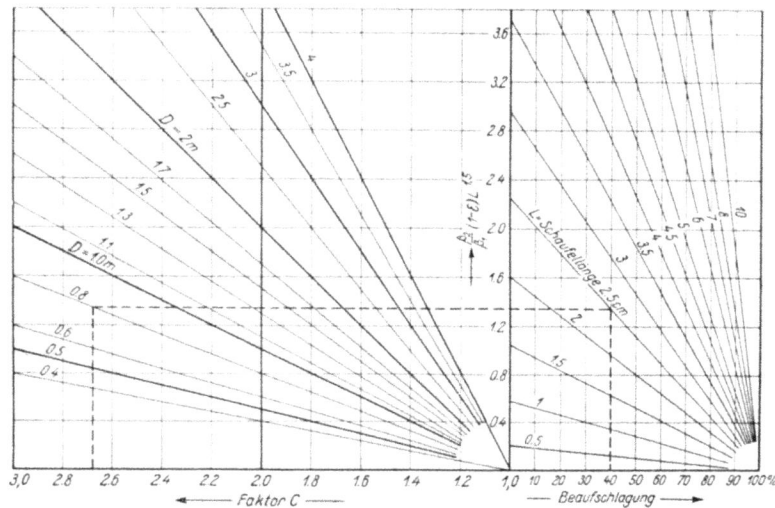

Abb. 17.

Stoßverlust.

Mit der Drehzahl ändert sich auch der Winkel β_{1D}, unter dem der Dampf in den Schaufelkranz einströmt. Die Umlenkung in die Richtung der Schaufelwandung geht nicht ohne Verlust vor sich. Nach Zeuner ist es üblich, die Eintrittsgeschwindigkeit in ihre Komponente parallel zur Schaufelwandung und ein Restglied zu zerlegen und die Energie der Restkomponente als Verlust einzuführen. Die Zulässigkeit der Geschwindigkeitszerlegung bei Dampf- und Wasserturbinen ist schon häufig Gegenstand von Erörterungen gewesen und teilweise sehr bestritten worden (siehe Camerer, Z. d. V. D. I. 1911, S. 1023; Dinglers Pol. Journ. 1906, S. 640; Budau, „Die Turbine" 1912, S. 133; Banki, Z. d. V. D. I. 1909, S. 1491; Eisner, „Die Turbine" 1913, S. 192). Besonders Camerer wendet sich scharf gegen die Zerlegung und nennt sie eine physikalische Willkürlichkeit. Thoma hat dagegen (Schweizerische Bauzeitung 1922, S. 23) für Wasserturbinen unter der Voraussetzung unendlich vieler ebener Schaufeln für reibungsfreie Strömung die Richtigkeit des Zeunerschen Ansatzes nachgewiesen, daß man nämlich als Stoßverlust die Energie der Geschwindigkeit einführen kann, die sich als geometrische Differenz zwischen den Geschwindigkeiten vor und nach der Umlenkung ergibt.

Schon Zeuner und auch Stodola und Camerer stellen den Stoßverlust dar als Energie der Normalkomponente mit Hinzufügung eines Faktors $\varkappa$. Da Versuchsmaterial zur Bestimmung von $\varkappa$ nicht vorliegt, werde nachstehend versucht, aus der Anschauung einen Anhalt für die Größe von $\varkappa$ zu gewinnen.

Von der Annahme ausgehend, daß Bauch- und Rückenstoß, d. h. ein Stoß auf die hohle und gewölbte Seite der Schaufel wegen des Richtungsunterschiedes gegen die Tangente an die Schaufelkante verschiedenen Stoßverlust geben müssen, wurden die folgenden rein empirischen Gleichungen für den Stoß angenommen und der Berechnung zugrunde gelegt. Mit der Bezeichnung der Abb. 18 wurde gesetzt:

Bauchstoß.

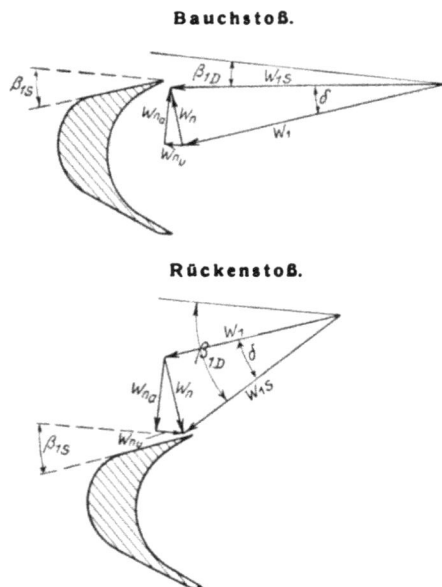

Rückenstoß.

Abb. 18.

W_{1S} = Relativgeschwindigkeit vor Umlenkung
W_1 = verbleibende Relativgeschwindigkeit
W_n = Normalkomponente von W_{1S}
W_{n_a} = Axialkomponente von W_n
W_{n_u} = Umfangskomponente von W_n

Für Bauchstoß:

Verlust ist lediglich die Axialkomponente.

$$V_{st} = w_{1S}^2 \cdot \sin^2\delta \cdot \cos^2\beta_{1S} \cdot \frac{1}{2g}$$

$$x = \frac{w_{1S}^2 \cos^2\beta_{1S} \cdot \sin^2\delta}{w_{1S}^2 \cdot \sin^2\delta} = \cos^2\beta_{1S}.$$

Für Rückenstoß:

Die Umfangskomponente ist doppelt als Verlust einzuführen, da sie erstens als nutzbare Energie verlorengeht und zweitens einen ihr gleichen Teil der Nutzleistung aufzehrt. Die Axialkomponente ist ebenfalls Verlust.

$$V_{st} = w_{1S}^2 \cdot \sin^2\delta \, (\cos^2\beta_{1S} + 2\sin^2\beta_{1S}) \cdot \frac{1}{2g}$$

$$x = \cos^2\beta_{1S} + 2\sin^2\beta_{1S}.$$

Die Axialkomponenten sind auf jeden Fall Verlust; sie werden, da ihnen die Druckfestigkeit der Schaufel entgegenwirkt, völlig durch Verwirbelung vernichtet bzw. ihre Energie in Wärme umgesetzt.

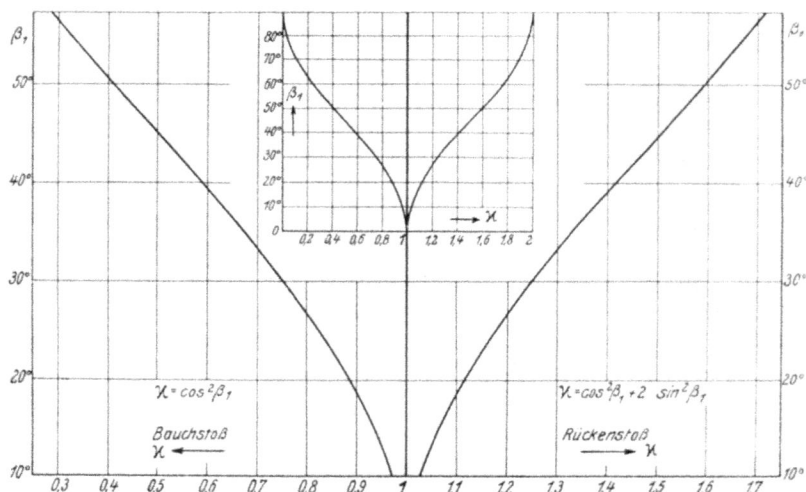

Abb. 19.

Ausdrücklich sei bemerkt, daß die vorstehende Rechnungsweise nur ein Versuch ist, der Wirklichkeit etwas näherzukommen; solange zur Bestimmung von Richtung und Größe der Verlustkomponente keine eingehenden Versuche vorliegen, ist man auf solche ungenauen Näherungsrechnungen angewiesen.

Mit den Versuchsergebnissen dieser Arbeit steht obige Stoßverlustrechnung gut in Einklang, allerdings wird sie nicht eindeutig durch sie bewiesen, da die möglichen Fehler der übrigen Verluste in gleicher Größenordnung liegen.

Eine einfache Darstellung der Werte für $\varkappa$ gibt Abb. 19. Den Stoßverlust in Abhängigkeit von $\dfrac{u}{c_1}$ zu bringen und ein kurvenmäßiges Auftragen zu ermöglichen, diene folgende Überlegung.

Aus den Geschwindigkeitsdreiecken folgt:

$$w_1 \cdot \sin \beta_1 = c_1 \cdot \sin \alpha_1$$

$$\sin \beta_1 = \frac{\sin \alpha_1}{\dfrac{w_1}{c_1}} \quad . \quad . \quad . \quad . \quad . \quad . \quad . \quad . \quad . \quad (9)$$

Da nach (5) $\dfrac{w_1}{c_1}$ von $\dfrac{u}{c_1}$ abhängt, läßt sich auch β_1 von $\dfrac{u}{c_1}$ abhängig darstellen; das ist auf Abb. 20 geschehen. Dieses β_1 ist der Neigungswinkel des Dampfstrahls,

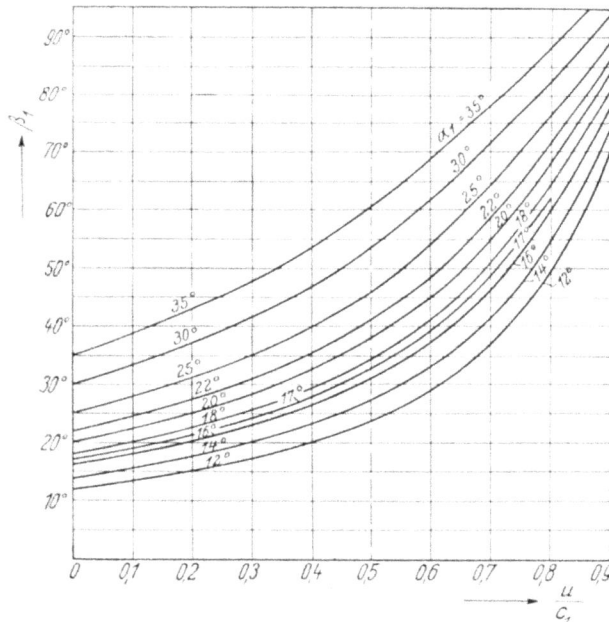

Abb. 20.

also β_{1D} in Abb. 18. Da sich nur β_{1D} ändert, der Schaufelwinkel β_{1s} festliegt, ist die Differenz der beiden, der Stoßwinkel δ, ebenfalls von $\dfrac{u}{c_1}$ abhängig.

$$\frac{w_n}{c_1} = \frac{w_1}{c_1} \cdot \sin \delta \quad . \quad . \quad . \quad . \quad . \quad . \quad . \quad . \quad (10)$$

Da beide Faktoren vorstehender Gleichung von $\dfrac{u}{c_1}$ abhängig sind, ist auch $\dfrac{w_n}{c_1}$ von $\dfrac{u}{c_1}$ abhängig.

Der Stoßverlust läßt sich schreiben:

$$AV_{st} = \left[\frac{A}{2g} \cdot \left(\frac{w_s}{c_1} \right)^2 \cdot \varkappa \cdot 10^6 \right] \cdot \frac{c_1^2}{10^6} = AV_s \cdot \frac{c_1^2}{10^6}.$$

Die Erweiterung mit 10^6 wurde zur Vereinfachung der Rechnung und Darstellung gewählt.

AV_s ist nur von $\frac{u}{c_1}$ abhängig und in dieser Form in Abb. 21 graphisch dargestellt.

Mit Hilfe des Schaubilds ist es möglich, durch eine einfache Ablesung und Umrechnung ohne besonderen Zeitaufwand den Stoßverlust zu berücksichtigen.

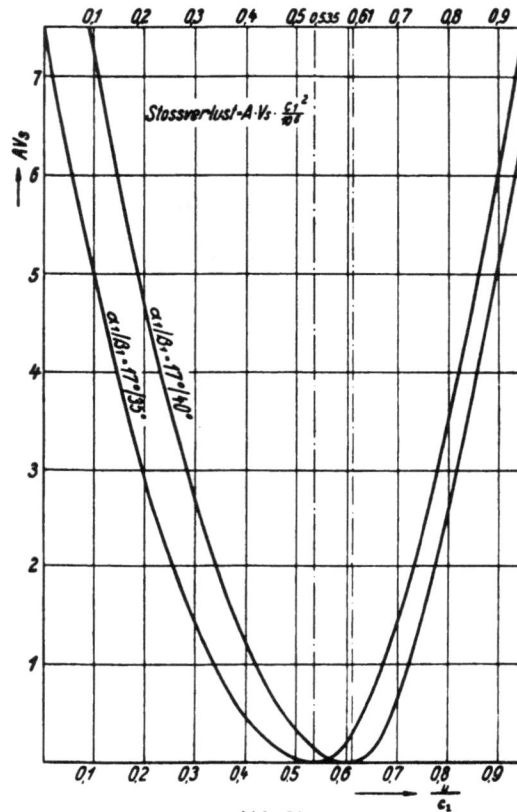

Abb. 21.

Daß die vorstehend durchgebildete Rechnungsart nur eine Annäherung bedeutet, liegt auf der Hand; denn der tatsächliche Stoßverlust wird von einer größeren Zahl von Umständen beeinflußt, unter denen auch die Spaltweite eine Rolle spielt. Mit größer werdendem Spalt wird teilweise wirbelnder Dampf mit dem Rade umlaufen und die Stromfäden weniger plötzlich in die neue Bahn umlenken; hierdurch wird der Verlust verkleinert, da die Stetigkeit der Strömung weniger Störung erfährt.

Über den Einfluß der Spaltweite auf den Stoßverlust macht Stodola (5. Aufl., S. 150) einige Angaben, die die oben gebrachte Behauptung stützen. An gleicher Stelle erwähnt er, bei Rückenstoß und kleinen Stoßwinkeln sei $\varkappa > 1$; doch nehme $\varkappa$ mit größer werdendem Stoßwinkel sehr rasch ab, so daß es bei einem Stoßwinkel von 30^0 nur noch $0,5$ betrage. Die Richtigkeit dieser Behauptung konnte nicht nachgeprüft werden, da der größte vorkommende Stoßwinkel bei Rückenstoß für die vorliegenden Versuche nur 12^0 betrug.

Leistungsentwicklung der Turbine bei veränderlicher Drehzahl.

Für die Drehzahlen 7541, 5870, 4435 und 577 wurde der Zustandsverlauf des Dampfes, Leistungsabgabe und Verlustwirkung rechnerisch genau verfolgt und in

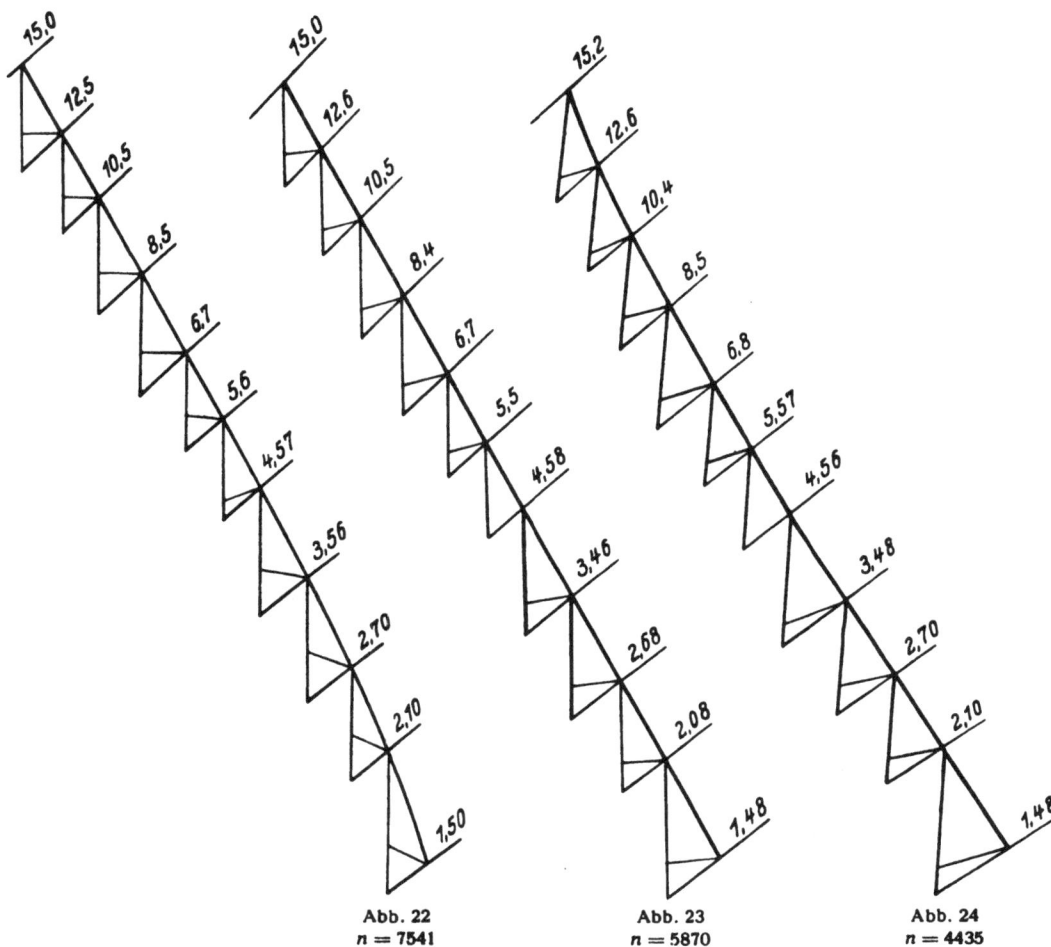

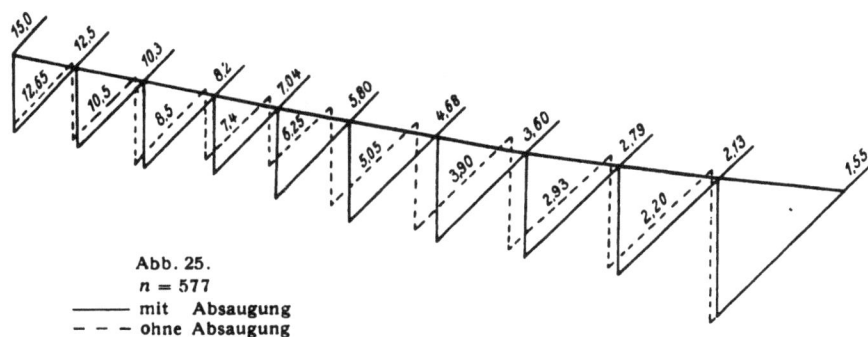

Abb. 22
n = 7541

Abb. 23
n = 5870

Abb. 24
n = 4435

Abb. 25.
n = 577
——— mit Absaugung
- - - ohne Absaugung

der üblichen Weise im *J-S*-Diagramm zur Darstellung gebracht in den Abb. 22 bis 25. Die Aufteilung des Wärmegefälles bezüglich der Verarbeitung in Leit- und Laufrad jeder Stufe wurde durch eine Verbindungslinie vom Endpunkt des adiabatischen Leitradgefälles zum Endpunkt der Stufe gekennzeichnet. Um die Veränderung des Laufradgefälles mit der Drehzahl noch deutlicher erkennen zu lassen, diene folgende Zahlentafel 11:

	Stufe	1	2	3	4	5	6	7	8	9	10
Reaktion in %	bei $n = 7541$	33	33	36	34	34	12	33	36	36	33
	„ $n = 5870$	28	28	29	27	27	4	26	29	29	26
	„ $n = 4435$	19	19	22	20	20	0	19	21	21	19

Der Zusammenhang von Reaktion und Drehzahl ist in Abb. 26 dargestellt. Durch Probieren fanden sich bei allen Drehzahlen für die Geschwindigkeitskoeffizienten die Werte:

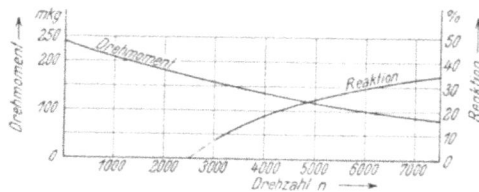
Abb. 26.

$$\varphi = 0,96,$$
$$\psi = \mathbf{0,89,}$$

welche mit den Ergebnissen der englischen Versuche (Engineering, 23. Nov. 1923) recht gut in Einklang stehen.

Die mit den oben erläuterten Verfahren durchgeführte Rechnung deckt sich mit der versuchsmäßig festgestellten Ganglinie für alle nachgeprüften Drehzahlen vollkommen; d. h. auch bei 7541 Umdr./min, wobei eine Überschreitung der Betriebsdrehzahl um 25% stattfindet, waren noch keine zusätzlichen Verluste festzustellen. Lediglich in der sechsten Stufe kam bei allen Drehzahlen außer den normalen, oben behandelten ein zusätzlicher Verlust hinzu. Ein Blick auf die Schaubilder zeigt schon, daß diese Stufe aus dem übrigen Rahmen herausfiel; denn der im Laufrad verarbeitete Teil des Wärmegefälles, der in der oben beschriebenen Art im Schaubild kenntlich gemacht wurde, war in der 6. Stufe sehr viel geringer als in allen übrigen Stufen. Wegen der hier angeordneten Überlastungskanäle ist die Höhe des Laufschaufelkranzes für normalen Betrieb zu groß, wodurch der Zusatzverlust seine Erklärung findet. Bei der Betrachtung der Schaubilder finden sich die schon oben gegebenen Darlegungen bestätigt, daß die Überdruckwirkung mit abnehmender Drehzahl mehr und mehr verschwindet und das Gefälle der letzten Stufen immer mehr zunimmt. In der sechsten Stufe ist schon bei normaler Drehzahl eben wegen des zu großen Laufradquerschnittes keine Überdruckwirkung vorhanden. Um den Rechnungsgang und die Größenordnung von Leistungen und Verlusten anschaulich zu machen, wurde in Abb. 27 die Aufteilung der fünften Stufe im J-S-Diagramm vergrößert dargestellt für $n = 7541$ und $n = 4435$.

Die Verluste verteilen sich zahlenmäßig folgendermaßen:

	$n = 7541$	$n = 4435$
Wärmegefälle der Stufe	$AL = 10,4 \frac{\text{kcal}}{\text{kg}}$	$AL = 9,8 \frac{\text{kcal}}{\text{kg}}$
Ideelle Leistung am Radumfang	$AL_u = 8,1$ „	$AL_u = 6,7$ „
Nabenverlust	$AV_N = 0,45$ „	$AV_N = 0,3$ „
Radreibungsverlust	$AV_R = 0,2$ „	$AV_R = 0,04$ „
Stoßverlust	$AV_{st} = 0,05$ „	$AV_{st} = 0,05$ „
Innere Leistung	$AL_i = 7,4$ „	$AL_i = 6.31$ „

Das mit Restverlust in Abb. 27 bezeichnete Glied enthält neben den Wandungsverlusten von Leit- und Laufrad vor allem den Auslaßverlust. Dieser macht schon bei den hohen Drehzahlen die Hauptgröße aus, z. B. 1 kcal/kg bei der recht geringen absoluten Austrittsgeschwindigkeit von 91,5 m/s, was einem Verlust von ca. 10% entspricht. Mit abnehmender Drehzahl werden die Geschwindigkeitsdreiecke immer

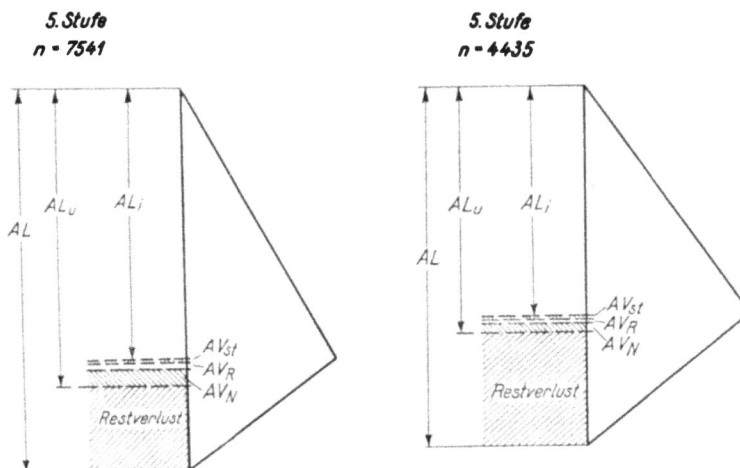

Abb. 27.

flacher, die Austrittsgeschwindigkeit und der Austrittsverlust also immer größer, so daß bei geringer Umlaufgeschwindigkeit der Hauptteil der Energie verlustbringend in Wärme umgesetzt wird.

Vereinfachte Nachrechnung.

Um einen schnellen Überblick über die Leistung bei jeder Drehzahl zu haben, wurde zu folgender Vereinfachung gegriffen.

Die Gefälle und die Geschwindigkeiten in den Stufen unterscheiden sich nur recht wenig; es seien daher diese Größen in allen Stufen einander gleich gesetzt. Nach (7) ist:

$$c_1 = \frac{G_s}{F_1 \gamma}.$$

Für einen mittleren Wert c_{1m} ist:

$$c_{1m} = \frac{G_s}{F_1' \cdot \gamma_m},$$

ebenso:

$$w_{2m} = \frac{G_s}{F_2' \gamma_m}.$$

F_1' und F_2' sind ideelle Werte, die sich mit den aus den Einzelberechnungen entnommenen mittleren Werten für γ_m und c_{1m} zu

$$F_1' = 4580 \text{ mm}^2, \qquad F_2' = 6045 \text{ mm}^2$$

ergeben.

Aus w_{2m} und c_{1m} werde nach (2) und (3) c_{1u} und c_{2u} und damit aus (1) AL_u bestimmt.

$$N_u = 10 \, AL_u \, G_s \frac{3600}{632} = 10_u \, (c_{1u} + c_{2u}) \, G_s \frac{A}{g} \frac{3600}{632} {}^{1)} \quad \cdots \cdots \quad (11)$$

$$N_i = N_u - N_{vN} - N_{vst} - N_{vR}$$

$$N_u = N_i + N_{vR} + N_{vst} + N_{vN} \quad \cdots \cdots \cdots \cdots \cdots \quad (12)$$

---

[1]) Dabei wird unter AL_u die Arbeit einer Stufe, unter N_u die Leistung der ganzen Turbine verstanden.

An Hand der Einzeldurchrechnungen und der Ganglinien werde zunächst der Verlauf von γ_m über der Drehzahl angenommen; damit ist c_{1m} bekannt und die einzelnen Verluste können bestimmt werden. Diese zu den aus dem Versuch bekannten Werten von N_i hinzugefügt, ergeben N_u. Anderseits ergibt sich N_u aus (11). Durch Probieren werden nun die Werte von γ_m so berichtigt, daß N_u aus (11) und (12) einander gleich werden. Die Durchführung der Endrechnung mit den endgültigen Zahlen für die Leistungen, Verluste, spez. Gewichte und Geschwindigkeitsverhältnisse enthält Zahlentafel 12. Radreibungsverlust und Stoßverlust zur inneren Leistung hinzugezählt, ergibt einen Wert, der um den Nabenverlust, also um 5% unter der Leistung am Radumfang liegt; das erlaubt die letztgenannte Leistung aus der Summe zu berechnen. w_{2F} bedeutet die Geschwindigkeit, die sich aus der Kontinuitätsgleichung errechnet, während w_{2v}, nach (6) aus w_1 entstanden ist. Aus dem Vergleich von w_{2F} und w_{2v} erkennt man deutlich die Grenze der Überdruckwirkung, die zwischen $n = 2000$ und $n = 3000$ liegt, wodurch die oben durchgeführte Rechnung bestätigt wird. Ebenso ersieht man, wie erwähnt, daß unterhalb dieser Grenze, wenn die Geschwindigkeit w_{2v}, zugrunde gelegt wird, der Laufschaufelquerschnitt nicht mehr ganz ausgefüllt ist. Der Verlauf von γ_m und der Radreibung ist aus Abb. 28 zu ersehen.

Zahlentafel 12.

Drehzahl n Umdr./min	2000	3000	4000	5000	6000	7000	7500	
N_i . . . . PS	520	700	815	887	930	950	950	
N_{VR} . . . . ,,	0	0	3,4	10	18	27	31	
N_{Vst} . . . . ,,	59	32	13	3,2	0,5	1,6	6	
$N_i + N_{VR} + N_{Vst} = 0,95 N_u$,,	579	732	831	900	948	978	987	
N_u . . . . ,,	610	771	875	950	991	1025	1040	
u . . . . m/s	42,6	64,0	85,4	107	127,5	149	161	
$c_{1u} + c_{2u}$ . . . . m/s	509	430	365	316	277	245	230	
γ_m . . . . kg/m³	1,33	1,45	1,61	1,72	1,79	1,83	1,86	$F_1' = 4580$
c_{1m} . . . . m/s	338	310	279	261	251	246	242	
u/c_{1m}	0,126	0,206	0,305	0,41	0,51	0,605	0,70	
w_1/c_1	0,89	0,80	0,71	0,615	0,53	0,46	0,41	$F_2' = 6045$
w_{2F} . . . . m/s	256	237	212	198	191	187	187	
w_{2v} . . . . ,,	268	220	176	143	133	101	89	
c_{2u} . . . . ,,	185	140	99	62	38	13	— 2	
c_{1u} . . . . ,,	324	296	267	250	240	235	232	
$c_{1u} + c_{2u}$ . . . . ,,	509	436	366	314	278	248	230	

Daß γ_m mit abfallender Drehzahl kleiner werden muß, leuchtet ein; denn die Endtemperatur steigt und mit ihr das Volumen, also verkleinert sich das spez. Gewicht. Über den steilen Verlauf der Radreibungskurve, der in Abbildung 28 klar zum Ausdruck kommt, ist früher schon gesprochen worden.

Das angewandte Verfahren, d. h. das Gleichsetzen von N_u aus (11) und (12) ist bei sehr kleinen Drehzahlen nicht mehr zulässig, wie folgende Überlegung zeigt: Mit der Drehzahl $n = 0$ wird nach (11) $N_u = 0$, während nach (12) N_u einen endlichen Wert hat, da N_{Vst} einen endlichen Wert hat — immer unter der Voraussetzung, daß die Drehzahl 0 durch Festbremsen erreicht ist, daß also noch Dampf durch die Turbine strömt. Die fehlende Übereinstimmung beruht darauf, daß die Berücksichtigung des Stoßverlustes durch einen Abzug von der theoretischen Leistung nur ein Näherungsverfahren darstellt, das für sehr kleine Drehzahlen keine Gültigkeit mehr hat. Streng richtig müßte, wie schon oben angeführt, die Geschwindigkeitsverminderung durch den Stoß ermittelt und mit der verminderten Geschwindigkeit die Leistung

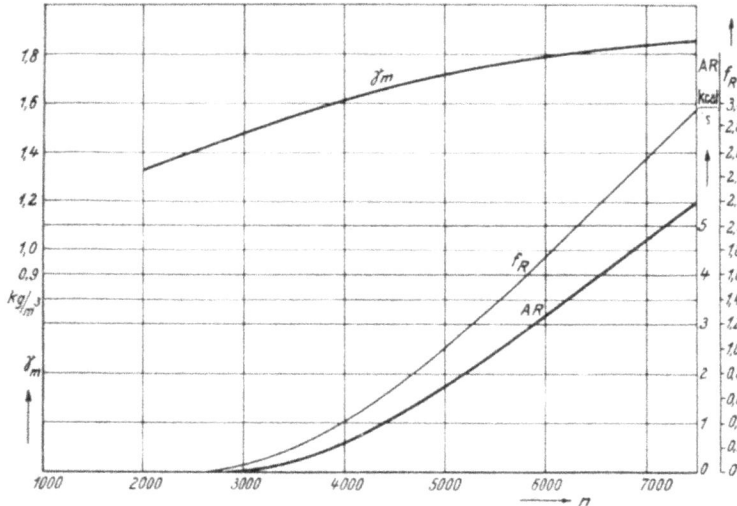

Abb. 28.

am Radumfang berechnet werden; bei diesem Rechnungsgang wird bei $n = 0$ auch $N_u = 0$.

Die Verluste und Leistungen bei verschiedenen Drehzahlen, ebenso die daraus berechneten Wirkungsgrade und den Dampfverbrauch enthält Zahlentafel 13 und

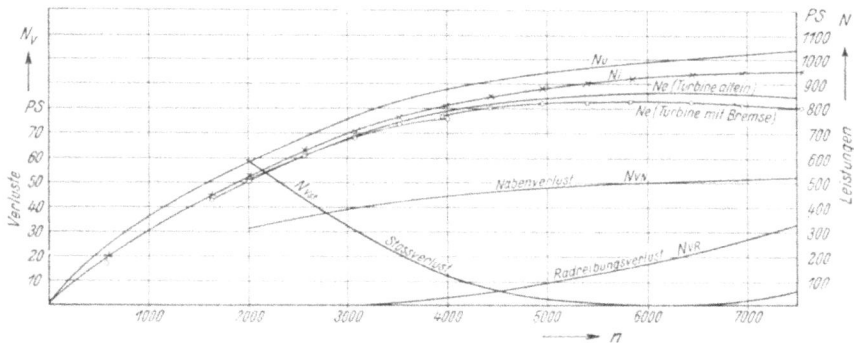

Abb. 29.

die Abb. 29 und 30. Dort wurde auch die Abdampftemperatur t_D zur Darstellung gebracht.

Leistungen: Zahlentafel 13.

	Drehzahl n	2000	3000	4000	5000	6000	7000	7500
N_u	PS	610	771	875	950	991	1025	1040
N_i	„	520	700	815	887	930	950	950
N_e' (Versuchsaggr.)	„	502	673	760/770	821	828	814	803
N_e (Turbine allein)	„	509	684	784	849	866	862	856

Verluste: Zahlentafel 13. (Fortsetzung).

Drehzahl n		2000	3000	4000	5000	6000	7000	7500
$N_{V'mech}$ (Versuchsaggr.)	PS	18	27	55/45	69	102	136	147
N_{Vmech} (Turbine allein)	,,	11	16	31	38	64	88	94
N_{VR}	,,	--	—	3,4	10	18	27	31
N_{Vst}	,,	59	32	13	3,2	0,5	1,6	6
N_{VN}	,,	31	39	44	48	50	51	52

Wirkungsgrade und Dampfverbrauch:

		2000	3000	4000	5000	6000	7000	7500
η_i	%	40,2	54,1	63,0	68,5	71,9	73,5	73,5
η_e (Turbine allein)	%	39,3	52,4	60,6	65,6	67,0	66,6	66,2
D_e	kg/PSh	14,6	10,85	9,47	8,74	8,57	8,61	8,66

In Abb. 29 wird der Verlauf von N_e, das die an der Bremse gemessene Leistung bedeutet, durch zwei nicht völlig ineinander übergehende Linienzüge dargestellt, da in den verschiedenen Drehzahlbereichen die Zahl der Bremsscheiben verändert werden mußte; mit größer werdender Zahl von Bremsscheiben wird selbstverständlich der Eigenverbrauch der Bremse höher, daher der Unterschied in den Kurven. Die abgegebene Leistung der Turbine allein, ohne Bremse, ist durch eine besondere Kurve veranschaulicht. Das Zurückbleiben von N_e gegenüber N_i stimmt annähernd mit den bei den Auslaufversuchen gefundenen Zahlen überein. Die Verluste sind im zehnfachen Maßstab der Leistungen dargestellt. Man erkennt, daß der Nabenverlust

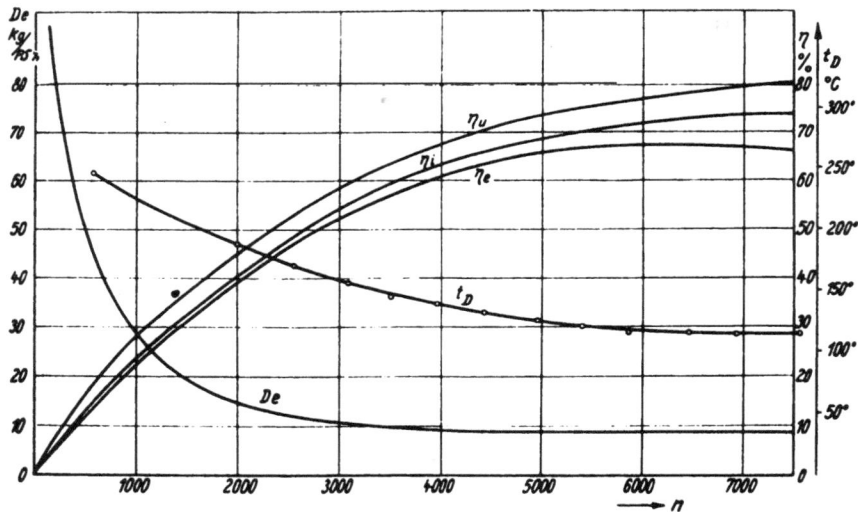

Abb. 30.

nicht sehr von der Drehzahl beeinflußt wird, da er nur mittelbar über die Leistung mit ihr zusammenhängt. Über den Radreibungsverlust ist schon eingehend gesprochen worden, man ersieht, daß er für die vorliegende Maschine unter 3000 Umdr./min überhaupt nicht in Betracht kommt. Der Stoßverlust macht sich erst bemerkbar, wenn die Abweichung von der normalen Drehzahl mehr als 15% beträgt und kann dann allerdings eine ganz beträchtliche Größe annehmen.

Die Wirkungsgrade in Abb. 30 weisen den gleichen Verlauf auf wie die Leistungen; aus dem Unterschied von η_i und η_e fällt wieder das starke Steigen des Eigenverbrauchs bei hoher Drehzahl auf. Der flache Verlauf zwischen den Umlaufzahlen 4000 und

7500 läßt Maschinen dieser Bauart als sehr geeignet erscheinen für Betriebe, in denen starke Drehzahlschwankungen vorkommen. Zurückzuführen ist dies auf die Überdruckwirkung. Mit zunehmender Expansion im Laufrad wird die Wirkungsgradkurve, die bei Gleichdruck eine Parabel ist, allmählich immer flacher. Eben wegen dieses Umstandes hat man für Schiffsantrieb stets Überdruckturbinen gewählt. Über das Ansteigen der Abdampftemperatur t_p mit fallender Drehzahl wurde früher schon gesprochen. Der Dampfverbrauch D_e, der sich, wie bekannt, der Ordinatenachse asymptotisch nähern muß, verläuft im normalen Arbeitsgebiet sehr flach, was wieder für eine gute Anpassungsfähigkeit der Maschine an ihre Betriebsbedingungen spricht.

Um die Eignung der Turbine als Fahrzeugmaschine kenntlich zu machen, wurde in Abb. 26 das verfügbare Drehmoment zu jeder Drehzahl aufgetragen. Die Kurve ist, ähnlich wie auch Gramberg fand, schwach gekrümmt. Eine Gerade wäre sie nur, wenn die Leistungskurve genau eine Parabel wäre, also bei reinem Gleichdruckbetrieb und gleichwinkliger Schauflung. Mit fallender Drehzahl steigt das Drehmoment stark an, ein großer Vorzug gegenüber der Kolbenmaschine, denn bei dieser würde die Abhängigkeit des größten Drehmomentes annähernd durch eine Horizontale dargestellt, da es unabhängig von der Drehzahl mit größter Füllung erreicht wird. Bei vorliegender Turbine ist das Anfahrdrehmoment fast das dreifache desjenigen bei höchster Drehzahl; doch kann der Kessel, da die Dampfaufnahme die gleiche bleibt, stets mit günstigstem Wirkungsgrad betrieben werden, ein Vorteil von höchster Bedeutung.

Beeinflussung der Turbine durch die Absaugung.

Es wurde nun noch untersucht, inwieweit der Zustandsverlauf in der Turbine durch die Absaugung eine Änderung erfuhr, bzw. wie die Verarbeitung des Dampfes ohne Absaugung erfolgen würde. In Abb. 25 ist das Ergebnis für $n = 577$ wiedergegeben; es wurde dazu gerade diese Drehzahl gewählt, weil in dem äußersten Fall die Änderung am deutlichsten hervortritt. Da Anfangspunkt und Enddruck unveränderlich sind, ist die Abweichung vom gemessenen Verlauf naturgemäß in der Mitte am größten und wird gegen Anfang und Ende kleiner. Am auffallendsten ist der Unterschied in der 4. und 5. Stufe, da zu Anfang von beiden Stufen abgesaugt wird. Die abgesaugten Mengen in den einzelnen Stufen waren

			$G_s = 2,06$ kg/s
nach der 1. Stufe	. . . .	0,026 kg/s
vor	„ 4. „	. . . .	0,027 „
nach	„ 4. „	. . . .	0,023 „
nach	„ 6. „	. . . .	0,016 „
vor	„ 9. „	. . . .	0,010 „
nach	„ 9. „	. . . .	0,010 „

Die Durchrechnung im J-S-Diagramm mußte mehrmals durchgeführt werden, um durch Probieren die richtige durchgehende Dampfmenge zu finden; denn gegenüber dem Betrieb mit Absaugen kann der Verlauf als eine Zufuhr von Dampf an den früheren Absaugstellen angesehen werden, wodurch ebendort der Gegendruck steigt, so daß die im ganzen durchströmende Dampfmenge kleiner wird, wie ja schon aus dem Schaubild hervorgeht. So fand sich eine Dampfmenge von 1,99 kg/s gegenüber 2,06 kg/s bei den Versuchen mit Anzapfung. Auf die Weise ergab sich die eigenartige Tatsache, daß durch die Änderung in der Dampfmenge sich in bezug auf die Leistung kein nennenswerter Unterschied zeigte zwischen dem Betrieb mit und ohne Absaugung. Da die Anzapfmengen bei allen Drehzahlen die gleichen waren, gilt die angestellte Untersuchung für alle Drehzahlen. In Fällen, wo größere Einheiten untersucht werden und weniger Meßstellen vorhanden sind, dürfte von dem Einfluß der Absaugung gänzlich abzusehen sein.

Dampfaufnahme.

Auf die bedauerliche Ungenauigkeit in der Kondensatmessung wurde früher schon hingewiesen; Undichtigkeiten erscheinen immerhin wahrscheinlich, wenn man bedenkt, daß der Kondensator Temperaturen bis zu 248° C auszuhalten hatte. Die gemessene Menge schwankte zwischen 2,02 und 2,15 kg/s; allen Rechnungen und Vergleichsbetrachtungen wurde der mittlere Wert von 2,06 kg/s zugrunde gelegt.

Da in den Schwankungen irgendeine Gesetzmäßigkeit nicht zu finden ist, liegt die Wahrscheinlichkeit sehr nahe, daß die Dampfmenge von der Drehzahl völlig unabhängig ist. Der Beweis kann zwar noch nicht als geführt gelten; doch sprechen vor allem auch die bei Änderung der Drehzahl völlig gleichbleibenden Stufendrücke für die Richtigkeit der Behauptung, denn eine Änderung der Dampfmenge könnte nur mit einer gleichzeitigen Änderung der Drücke stattfinden.

Bei Stodola (5. Aufl., S. 270) findet sich die Bemerkung, die Dampfmenge sei von der Drehzahl unabhängig, wenn keine Verwertung der Auslaßenergie stattfinde; werde diese ausgenutzt, dann nehme die gesamte Durchströmgeschwindigkeit durch die Stufe zu und damit auch die Dampfmenge; vorausgesetzt ist dabei aber, daß man von einer Zunahme der Widerstände (Stoßverluste usw.) absehe. — Mit kleiner werdender Umfangsgeschwindigkeit wird die relative Einströmgeschwindigkeit in die Schaufel größer, damit auch die Ausströmgeschwindigkeit und die Einströmgeschwindigkeit ins folgende Leitrad und so fort. Die Durchströmgeschwindigkeit wird also insgesamt größer, das leuchtet ein; ob die Vernachlässigung der Verlustzunahme gestattet ist, darf bestritten werden, zumal im vorliegenden Fall bei abnehmender Drehzahl. Das Gleichbleiben der Dampfaufnahme bei den Versuchen würde jedenfalls zeigen, daß trotz anscheinend günstiger Verhältnisse keine Verwertung der Auslaßenergie stattfand. Bei der Nutzbarmachung der Austrittsgeschwindigkeit, die danach die Entscheidung über eine erreichbare Abhängigkeit der Dampfmenge von der Drehzahl in sich trägt, spielt wahrscheinlich die axiale Spaltweite zwischen Laufrad und folgendem Leitrad eine Rolle. Bei normaler Drehzahl hat der Dampf beim Austritt aus dem Laufrad etwa axiale Richtung, die sich mit abnehmender Umfangsgeschwindigkeit immer stärker gegen die der relativen Austrittsgeschwindigkeit zuneigt. Wir haben also ähnliche Verhältnisse wie beim Eintritt ins Laufrad, und es gilt das oben vom Stoßverlust Gesagte. Gramberg (Forschungsarbeit 76) fand bei der Rateau-Turbine ebenfalls gleichbleibende Dampfmenge bei Änderung der Drehzahl. Eisner[1] spricht sich ähnlich wie Stodola dahin aus, daß bei konstantem Druck vor der Turbine mit abnehmender Drehzahl die Dampfmenge zunehmen müsse; doch ist er wohl aus theoretischen Erwägungen heraus zu seinem Schluß gekommen, ohne durch Versuche gestützt zu sein. Da Eisner im übrigen Schiffsturbinen betrachtet, wobei die Drehzahl nur durch die Änderung der Dampfmenge wechselt, konnten seine Ergebnisse zum Vergleich nicht herangezogen werden

Mechanische Verluste der Turbine, insbesondere durch Lagerreibung.

Bei der Betrachtung des in Abb. 10 dargestellten Eigenverbrauchs der Turbine fällt einerseits das starke Steigen mit der Drehzahl auf, sodann der an sich hohe Wert. Beide Erscheinungen stehen jedoch mit den bisherigen Erkenntnissen in Einklang

---

[1] Dissertation, München 1911, S. 14.

(vgl. dazu L a s c h e , „Konstruktion und Material im Bau von Dampfturbinen und Turbodynamos", Berlin 1920, S. 166, 167) und erklären sich aus dem sehr niedrigen spezifischen Flächendruck im Lager ($p = 2$ kg/cm²). Bei der Schnelläufigkeit der Maschine ist man wohl aus Gründen der Betriebssicherheit mit der Beanspruchung soweit heruntergegangen. Das steile Ansteigen der Werte des Reibungskoeffizienten mit der Drehzahl darf ebenfalls nicht überraschen, denn aus Abb. 324 bei L a s c h e erhellt, daß μ bei abnehmendem p mit der Zapfengeschwindigkeit immer stärker zunimmt. Wenn man außerdem berücksichtigt, daß selbst bei $n = 7500$ die Öltemperatur hinter den Lagern noch nicht 50° erreichte, so kommt man etwa auf die aus dem Versuch erhaltene Kurve. Bekanntlich nimmt nämlich die Reibungsarbeit und damit auch der Reibungskoeffizient mit zunehmender Erwärmung ab, so lange bis die Zähigkeit des Öles nicht mehr ausreicht, um den Auflagerdruck zu übertragen, bis man also in das Gebiet der halbflüssigen Reibung kommt. Da den Kurven bei L a s c h e sehr viel höhere Ölerwärmung zugrunde liegt als den vorliegenden Versuchen, kommt auch die steigende Tendenz in Abb. 10 stärker zum Ausdruck.

Wie weit man mit der Lagerbeanspruchung bei solch schnellaufenden Maschinen gehen darf, ohne die Betriebssicherheit zu verringern, darüber können nur planmäßige Versuche Klarheit schaffen; von deren Ergebnis wird es abhängen, in welchem Maß sich der mechanische Wirkungsgrad noch verbessern läßt.

Die Frage der günstigsten Drehzahl.

Bei der Durchrechnung der einzelnen Versuche wurde schon gesagt, daß auch noch bei $n = 7541$ Umdr./min außer den normal errechneten keine besonderen Zusatzverluste festgestellt wurden, die etwa auf Kompression oder sonstige durch die Schnelläufigkeit bedingte Erscheinungen schließen ließen. Zwar scheint bei dieser Drehzahl der Scheitelpunkt der Wirkungsgradkurve noch nicht ganz erreicht zu sein, was schon aus dem Vergleich der u/c_1-Werte verständlich ist. Um dies noch anschaulicher

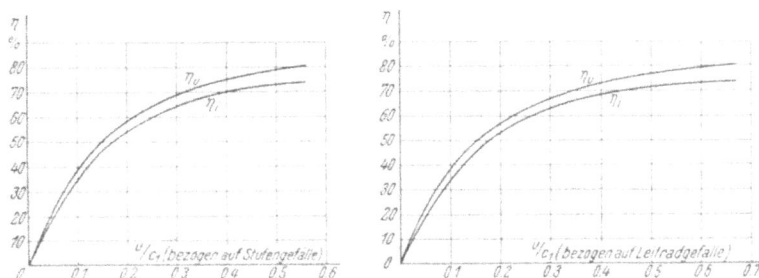

Abb. 31.

zu machen, wurde in Abb. 31 die Wirkungsgradkurve in Abhängigkeit von u/c_1 dargestellt, und zwar einmal c_1 als Maßstab des Leitradgefälles aufgefaßt, das andere Mal als den des gesamten Stufengefälles einschließlich des im Laufrad verarbeiteten Teiles. Würde man die Umfangsgeschwindigkeit noch weiter steigern, so würde sich vielleicht ein Verdichtungsverlust durch Schleuderwirkung zeigen; doch kann man darüber auf Grund der vorliegenden Versuche nichts sagen. Jedenfalls aber läßt sich mit aller Bestimmtheit aussprechen, daß bis zur Drehzahl 7500, bei der u erst 161 m/s, von Kompression nichts zu merken war, wenn man von der Kompression absieht, die nach S t o d o l a (4. Aufl., S. 591) bei Axialturbinen stets auftritt durch die Verschiedenheit der Umfangskomponenten der Dampfgeschwindigkeit am Fuß und Kopf der Schaufel. Da das Verhältnis von Schaufelhöhe zu Beaufschlagungsradius auch in der letzten

Stufe mit $\frac{L}{R} = 0,11$ noch sehr klein bleibt, erreicht diese Kompression noch nicht die Größe von 0,1 at. Bezüglich dieses Verlustes ist also nur dafür zu sorgen, daß die Umfangsgeschwindigkeit nicht zu hoch wird; die Drehzahl an und für sich hat darauf keinen Einfluß. Die starke Zunahme der Radreibung mit der Drehzahl ist bekannt; ein kleiner Raddurchmesser vermag auch diese Verluste in erträglichen Grenzen zu halten. Für den Dampfteil haben die Versuche den Beweis erbracht, daß der wirtschaftlichen Anwendung hoher Drehzahlen nichts im Wege steht. Über den mechanischen Teil wurde weiter oben schon gesprochen; es steht zu erwarten, daß künftige Versuche den Weg zeigen, wie man die mechanischen Verluste bedeutend herabsetzen kann.

Wenn die Aufgabe gestellt wird, für eine bestimmte Leistung eine Turbine zu entwerfen, wird bei der Entscheidung über die Drehzahl die schnelläufige Maschine sehr wohl zu beachten sein. Zwar sind bei der raschlaufenden Maschine die Verluste möglicherweise höher als bei der normalen von 3000 Umdr./min, dafür läßt sich aber die erstere bei gleichem Wirkungsgrad am Radumfang mit weniger Stufen ausführen, was eine bedeutende Herabsetzung der Erstellungskosten bedeutet. Zumal bei kleinen Einheiten werden die Kosten häufig den Ausschlag geben, daß die Maschine schnellläufig ausgeführt wird.

Für große Leistungen wird häufig die Anwendung hoher Drehzahlen nicht möglich sein; denn große Dampfmengen verlangen großen Querschnitt, dieser bedingt eine Mindestgröße von Raddurchmesser. Die Drehzahl wird durch Umfangsgeschwindigkeit und Raddurchmesser bestimmt. Da der Umfangsgeschwindigkeit aus konstruktiven Gründen eine obere Grenze gesetzt ist, liegt die höchste erreichbare Drehzahl damit ebenfalls fest.

Zusammenfassung.

Mittels Einbaues von Thermometern in Absaugleitungen wurde eine neue Meßart durchgebildet zwecks Erfassung der Stufentemperaturen. Bei der Feststellung der Ganglinie der Turbine erwies das neue Verfahren seine Brauchbarkeit.

Für den Drehzahlbereich 600 bis 7500 wurde eine größere Zahl von Versuchen durchgeführt und dabei jedesmal der Zustandsverlauf in der Turbine, Leistung und Kondensat gemessen.

Für den Stoßverlust wurde eine neue Rechnungsart gegeben und die ganze Turbine in vereinfachter Weise durchgerechnet. Durch Benutzung graphischer Tafeln wurde die Berücksichtigung der Verluste mit geringstem Arbeits- und Zeitaufwand ermöglicht.

Die genaue Durchrechnung des Verlaufs bei verschiedenen Drehzahlen zeigte, daß bis zu 7500 Umdr./min außer den rechnungsmäßigen keine Sonderverluste im Dampfteil auftraten, so daß die von einigen Seiten erhobenen Warnungen vor Anwendung hoher Drehzahlen unberechtigt erscheinen.

Das starke Ansteigen der mechanischen Verluste mit Erreichung hoher Drehzahlen überraschte zunächst, doch scheint es bei richtiger Berücksichtigung der verschiedenen Einflüsse mit den Versuchsergebnissen von Lasche übereinzustimmen. Wenn mehr Erfahrungen mit schnelläufigen Maschinen vorliegen, wird es wahrscheinlich möglich sein, die Lager höher zu beanspruchen und damit die Verluste herabzusetzen.

Nach Behebung vorgenannter Schwierigkeiten dürfte der erfolgreichen Einführung hoher Drehzahlen nichts mehr im Wege stehen.

Aus den Versuchen geht hervor, daß die untersuchte Bauart gut geeignet ist für Betriebe, bei denen Drehzahländerungen in großem Bereich erforderlich sind; denn die Leistung ändert sich nur wenig bei starken Drehzahlschwankungen.